thema mathe matik

Lösungen

Clemens Brand
Anita Dorfmayr
Josef Lechner
August Mistlbacher
Alfred Nussbaumer

5

Bearbeitet von Michael Leitgeb
und Agathe Schaurhofer

VERITAS
Gemeinsam besser lernen

Mit Bescheid des Bundesministeriums für Unterricht, Kunst und Kultur, BMUKK-5.050/0007-V/9/2009 als für den Unterrichtsgebrauch an allgemein bildenden höheren Schulen für die 5. Klasse im Unterrichtsgegenstand Mathematik geeignet erklärt (Anhang).

Schulbuchnummer: **145.638**

5. Auflage (2013)
Gedruckt in Österreich auf umweltfreundlich hergestelltem Papier

Lektorat: Veronika Weidenholzer
Herstellung, Umschlaggestaltung und Layout: Agnes Weitzhofer
Umschlagbild: DigitalVision
Bildredaktion: Alexandra Rittberger
Satz: Michael Leitgeb, Feldkirchen

ISBN 978-3-7058-8368-0

1 Zahlen, Mengen, Aussagen

1 a) 136,138 **b)** 1023,1025
c) 384400, 384402 **d)** $n+6,\ n+8$
e) $n^2-1,\ n^2+1$ **f)** $(n+3)^3-1,\ (n+3)^3+1$

2

	1	2	3	4	5	6
3-Eck	1	3	6	10	15	21
4-Eck	1	4	9	16	25	36
5-Eck	1	5	12	22	35	51
6-Eck	1	6	15	28	45	66

3 $D_n = \frac{n\cdot(n+1)}{2}$

4

$$\begin{array}{rcccccccc} V_n & = & 1 & + & 3 & + & 5 & +\cdots+ & 2n-1 \\ V_n & = & 2n-1 & + & 2n-3 & + & 2n-5 & +\cdots+ & 1 \\ \hline 2\cdot V_n & = & 2n & + & 2n & + & 2n & +\cdots+ & 2n \\ 2\cdot V_n & = & & & & 2n\cdot n & & & \\ V_n & = & & & & n^2 & & & \end{array}$$

5 a) $D_{n+1} = D_n + (n+1)$
b) $V_{n+1} = V_n + (2\cdot n + 1)$

6 Durch Probieren: $D_6 = \frac{6\cdot 7}{2} = 21$,

$D_{66} = \frac{66\cdot 67}{2} = 2211$

$D_{666} = \frac{666\cdot 667}{2} = 222111$,

$D_{6666} = \frac{6666\cdot 6667}{2} = 22221111$

7 Es ist $(2n-1)^2 = 4n^2 - 4n + 1$, da $4n^2$ und $4n$ gerade sind, muss $4n^2 - 4n + 1$ ungerade sein. Es ist $(2n)^2 = 4n^2$, da $4n^2$ gerade ist, ist also das Quadrat einer geraden Zahl $2n$ gerade.

8

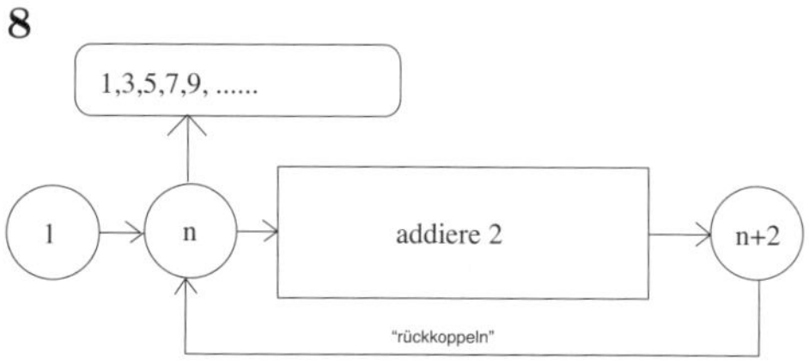

9 $3, 6, 9, 12, ...,$ die Vielfachen von 3

10 a)

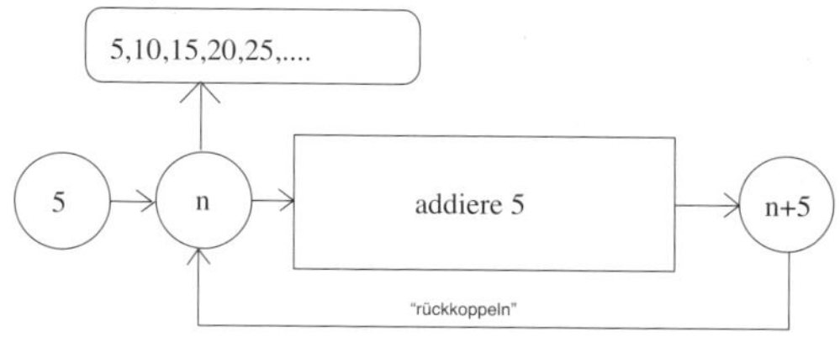

b)

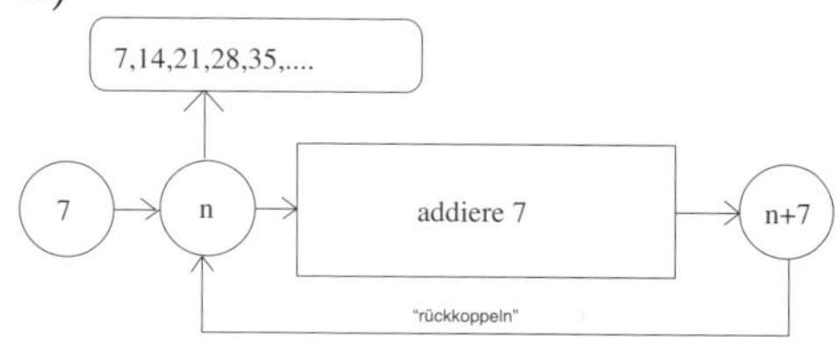

11 a) $5\cdot 4\cdot 3\cdot 2\cdot 1 = 120$
b) $n\cdot(n-1)\cdot(n-2)\cdot\ldots\cdot 2\cdot 1$

12 $1, 3, 6, 10, 15, 21, 28, 36, 45, 55$, die ersten zehn Dreieckszahlen.

13 Im Buch ausgeführt.

14 a) $126 = 2\cdot 3^2\cdot 7$
b) $144 = 2^4\cdot 3^2$
c) $1377 = 3^4\cdot 17$

15 a) $840 = 2^3\cdot 3\cdot 5\cdot 7$ **b)** $5940 = 2^2\cdot 3^3\cdot 5\cdot 11$
c) $1386 = 2\cdot 3^2\cdot 7\cdot 11$ **d)** $4725 = 3^3\cdot 5^2\cdot 7$
e) $1656 = 2^3\cdot 3^2\cdot 23$ **f)** $3861 = 3^3\cdot 11\cdot 13$

16 -

17 -

18

n		Primzahl ?
1	7	ja
2	37	ja
3	337	ja
4	3337	nein, $47\cdot 71$
5	33337	nein, $17\cdot 37\cdot 53$
6	333337	ja
7	3333337	nein, $7\cdot 31\cdot 15\,361$

Siehe http://www.thema-mathematik.at

19

n	$n^2 - n + 41$	Primzahl ?
1	41	ja
2	43	ja
3	47	ja
4	53	ja
5	61	ja
6	71	ja
7	83	ja
8	97	ja
9	113	ja
10	131	ja

20 Man schreibt z.B. die Zahlen von 1 bis 100 auf. In jeder Zeile stehen 10 Zahlen. Nun beginnt man zu „sieben". Die Zahl 1 ist keine Primzahl und kann gestrichen werden. 2 ist eine Primzahl und wird als solche gekennzeichnet. Dann werden alle Vielfachen von 2 gestrichen. 3 ist eine Primzahl und wird wieder als soche gekennzeichnet. Alle Vielfachen von 3 werden wieder gestrichen. 4 wurde gestrichen, da sie ein Vielfaches von 2 ist. 5 ist wieder eine Primzahl. Alle Vielfachen von 5 werden wieder gestrichen. 6 ist ein Vielfaches von zwei und somit keine Primzahl. 7 ist wieder eine Primzahl und wird als solche gekennzeichnet. Alle Vielfachen von 7 werden gestrichen. 8; 9 und 10 wurden bereits als Vielfache einer Zahl gestrichen. Alle übrigen Zahlen sind Primzahlen.
Hinweis: Wenn das Quadrat einer Primzahl größer als die größte angeschriebene Zahl ist, sind mit dieser Methode alle Primzahlen bis zu dieser Zahl bestimmt. D.h. es müssen nur die
Primzahlen ≤ 10 angesehen werden, wenn man alle Primzahlen bis 100 bestimmen will.

21 2, 3, 5, 7, 11, 13, 17, 19, 23, 29, 31, 37, 41, 43, 47, 53, 59, 61, 67, 71, 73, 79, 83, 89, 97, 101, 103, 107, 109, 113, 127, 131, 137, 139, 149
Es gibt 12 Primzahlzwillingspaare bis 150 (sofern man (149, 151) dazurechnet):
1: (3, 5) 2: (5, 7) 3: (11, 13) 4: (17, 19)
5: (29, 31) 6: (41, 43) 7: (59, 61) 8: (71, 73)
9: (101, 103) 10: (107, 109) 11: (137, 139)
12: (149, 151)

22 **a)** Die Wurzel aus 137 beträgt $\approx 11,7$. Man muss nun für alle Primzahlen von 1 bis 11 probieren, ob sie die Zahl 137 teilen. Teilen sie die Zahl 137 nicht, dann ist 137 eine Primzahl. Für die Zahlen 173 und 317 analog. **b)** analog

23 Siehe http://www.thema-mathematik.at

24 $6n$, $6n + 2 = 2 \cdot (3n + 1)$, $6n + 3 = 3 \cdot (2n + 1)$, $6n + 4 = 2 \cdot (3n + 2)$ haben die Teiler 6, 2, 3, 2. Damit können Primzahlen nur mehr von der Form $6n + 1$ oder $6n + 5$ sein.

25

n	Anzahl der Primzahlen $\leq n \ (= \pi(n))$	Primzahlendichte $\frac{\pi(n)}{n}$
100	25	0,25
1000	168	0,168
10000	1229	0,1229

26 $4 = 2 + 2$
$6 = 3 + 3$
$8 = 3 + 5$
$10 = 3 + 7 = 5 + 5$
...

27

n	$2^n - 1$	Primzahl ?
1	1	nein
2	3	ja
3	7	ja
4	$15 = 3 \cdot 5$	nein
5	31	ja
6	$63 = 3^2 \cdot 7$	nein
7	127	ja
8	$255 = 3 \cdot 5 \cdot 17$	nein
9	$511 = 7 \cdot 73$	nein
10	$1023 = 3 \cdot 11 \cdot 31$	nein
11	$2047 = 23 \cdot 89$	nein

28 $2^{43112609} - 1$, 45.Mersenne'sche Primzahl, entdeckt am 23.8.2008 im Rahmen des GIMPS-Projekts (die Zahl hat 12978189 Stellen), siehe auch: http://www.mersenne.org/

29 **a)** $F_1 = 2^{2^1} + 1 = 2^2 + 1 = 5$,
$F_2 = 2^{2^2} + 1 = 2^4 + 1 = 17$,
$F_3 = 2^{2^3} + 1 = 2^8 + 1 = 257$
b) $F_4 = 2^{2^4} + 1 = 2^{16} + 1 = 65537$
c) $F_5 = 2^{2^5} + 1 = 2^{32} + 1 = 4294967297 = 641 \cdot 6700417$

30 Es gibt genau eine gerade Primzahl (2), jede gerade Zahl > 2 ist durch 2 teilbar und kann daher keine Primzahl sein.
Da es nach dem Satz von Euklid unendlich viele Primzahlen, aber nur eine gerade Primzahl gibt, muss es unendlich viele ungerade Primzahlen geben.

31 Es gibt eine Primzahl mit der Einerziffer 2 (nämlich 2 selbst) und keine Primzahlen mit den Einerziffern 0,4,6,8. Diese wären nämlich alle durch 2 teilbar und können somit keine Primzahlen sein.

32 Im Buch ausgeführt.

33 Im Buch ausgeführt.

34 Im Buch ausgeführt.

35 a) -5, nicht ausführbar in $\mathbb{N}$ **b)** 460
c) 0 **d)** -32, nicht ausführbar in $\mathbb{N}$
e) $\frac{1}{4}$, nicht ausführbar in $\mathbb{N}$ **f)** 6

36

	a) $\mathbb{N}_g$	**b)** $\mathbb{N}_u$
+	abg.	¬abg.,zB $1+1$
−	¬abg.,zB $2-4 \notin \mathbb{N}_g$	¬abg.,zB $1-3 \notin \mathbb{N}_u$
·	abg.	abg.
:	¬abg.,zB $\frac{2}{4} \notin \mathbb{N}_g$	¬abg.$\frac{1}{3} \notin \mathbb{N}_u$

	c) $\mathbb{N}^*$	**d)** $\mathbb{N}$
+	abg.	abg.
-	¬abg.,zB $2-4 \notin \mathbb{N}^*$	¬abg.,zB $2-4 \notin \mathbb{N}$
·	abg.	abg.
:	¬abg.,zB $\frac{1}{3} \notin \mathbb{N}^*$	¬abg.,zB $\frac{1}{3} \notin \mathbb{N}$

37 Siehe http://www.thema-mathematik.at

38 Siehe http://www.thema-mathematik.at

39 An Stelle von $a : b = q$ wird $(a-e) : (b-1) = q+1$ gerechnet. Die erste Division ist gleichbedeutend mit $a = b \cdot q$, die zweite mit $a-e = (b-1)\cdot(q+1) = b \cdot q - q + b - 1$. Damit ergibt sich weiter, dass $a - e = a - q + b - 1$ (da ja $b \cdot q = a$).
Dies heißt wiederum, dass $e = q - b + 1$ sein muss. Wenn also q und b bekannt sind, so lässt sich immer ein e bestimmen, sodass Eds Divisionsmethode anwendbar ist.

40 a) 13 div 4 = 3 **b)** 27 div 5 = 5
c) 38 div 11 = 3 **d)** 71 div 9 = 7
e) 96 div 15 = 6 **f)** 144 div 12 = 12

41 a) 13 mod 4 = 1 **b)** 27 mod 5 = 2
c) 38 mod 11 =5 **d)** 71 mod 9 = 8
e) 96 mod 15 = 6 **f)**144 mod 12 = 0

42 a) 4; 2 **b)** 1; 40 **c)** 7; 5

43 a)

Stunden	= s div 3600
s'	= s mod 3600
Minuten	= s' div 60
Sekunden	= s' mod 60

b)

	=
Winkelgrad	= s div 3600
s'	= s mod 3600
Winkelminuten	= s' div 60
Winkelsekunden	= s' mod 60

44 a)
Seiten = 1250 div 500 = 2
w' = 1250 mod 500 = 250
Zeilen = 250 div 10 = 25

b)
Seiten = 6300 div 500 = 12
w' = 6300 mod 500 = 300
Zeilen = 300 div 10 = 30

45 Seiten = 12 987 189 div (75·50) = 3463
r= 12 987 189 mod (75·50) = 939
Zeilen= 939 div (75) = 12
r=939 mod (75) = 39
3463 Seiten, 12 Zeilen, 39 Zeichen

46 a) Code korrekt **b)** Code fehlerhaft
c) Code fehlerhaft **d)** Code korrekt

47 a) Code korrekt **b)** Code korrekt
c) Code korrekt

48 Im Buch ausgeführt.

49 a) 17|629, weil 17·37=629
b) 23|529, weil 23·23=529
c) 27|1593, weil 27·59=1593

50 a) Angenommen beide (Teiler b und Komplementärteiler $\frac{n}{b}$) wären kleiner als $\sqrt{n}$.
Also $b < \sqrt{n}$ und $\frac{n}{b} < \sqrt{n}$. Damit ergibt sich aber:

$b \cdot \frac{n}{b} < \sqrt{n} \cdot \sqrt{n} \Rightarrow n < n$ Ein Widerspruch.
b) Angenommen beide (Teiler b und Komplementärteiler $\frac{n}{b}$) wären größer als $\sqrt{n}$.
Also $b > \sqrt{n}$ und $\frac{n}{b} > \sqrt{n}$. Damit ergibt sich aber:
$b \cdot \frac{n}{b} > \sqrt{n} \cdot \sqrt{n} \Rightarrow n > n$ Ein Widerspruch.

51 **a)** T_{54}={1, 2, 3, 6, 9, 18, 27, 54}
b) T_{70}={1, 2, 5, 7, 10, 14, 35, 70}
c) T_{65}={1, 5, 13, 65}
d) T_{52}={1, 2, 4, 13, 26, 52}

52 **a)** T_{520}={1, 2, 4, 5, 8, 10, 13, 20, 26, 40, 52, 65, 104, 130, 260, 520}
b) T_{504}={1, 2, 3, 4, 6, 7, 8, 9, 12, 14, 18, 21, 24, 28, 36, 42, 56, 63, 72, 84, 126, 168, 252, 504}
c) T_{330}={1, 2, 3, 5, 6, 10, 11, 15, 22, 30, 33, 55, 66, 110, 165, 330}
d) T_{528}={1, 2, 3, 4, 6, 8, 11, 12, 16, 22, 24, 33, 44, 48, 66, 88, 132, 176, 264, 528}

53 **a)** 17 **b)** 25 **c)** 503 **d)** 61

54 Begründung: 1 und n sind stets Teiler.

55 **a)** Für einstellige Zahlen ist der Sachverhalt klar, für mehrstellige gilt: Jede natürliche Zahl $\geq$ 10 besteht aus einem Teil der durch 10 (und damit durch 2) teilbar ist und aus der Einerziffer. ZB. $1548 = 154 \cdot 10 + 8$, da der erste Summand stets durch 2 teilbar ist, kommt es nur mehr auf die Einerziffer an, ob die ganze Zahl durch 2 teilbar ist.
b) Jede natürliche Zahl lässt sich in der Form $z = a_n \cdot 10^n + a_{n-1} \cdot 10^{n-1} + ... + a_1 \cdot 10 + a_0$ anschreiben. Bei der Division durch 3 bleibt bei jedem einzelnen Stellenwert (10,100,1000,...) genau der Rest 1. Das, heißt, dass die Zahl z als Summe eines Teilers der durch 3 teilbar ist und eines Teiles der genau der Ziffernsumme entspricht, angeschrieben werden kann. $z = (a_n \cdot (10^n - 1) + a_{n-1} \cdot (10^{n-1} - 1) + ... + a_1 \cdot (10-1)) + (a_n + a_{n-1} + ... a_1 + a_0)$ Damit hängt die Teilbarkeit durch 3 nur von der Ziffernsumme ab. ZB. $1548 = 1 \cdot 1000 + 5 \cdot 100 + 4 \cdot 10 + 8 = (1 \cdot 999 + 5 \cdot 99 + 4 \cdot 9) + (1 + 5 + 4 + 8)$ Da der Summand in der ersten Klammer auf jeden Fall durch 3 teilbar ist, kommt es nur auf den Summanden in der zweiten Klammer (=Ziffernsumme) an.
c) Für einstellige und zweistellige Zahlen ist der Sachverhalt klar, für drei- und mehrstellige Zahlen gilt: Jede natürliche Zahl $\geq$ 100 besteht aus einem Teil der durch 100 (und damit durch 4 bzw. 25) teilbar ist und aus dem zweistelligen Rest (Einer- und Zehnerziffer). ZB. $1548 = 15 \cdot 100 + 48$, da der erste Summand stets durch 4 bzw. 25 teilbar ist, kommt es nur mehr auf den zweistelligen Teil (48) an, ob die ganze Zahl durch 4 bzw. 25 teilbar ist.
d) Für einstellige Zahlen ist der Sachverhalt klar, für mehrstellige Zahlen gilt: Jede natürliche Zahl $\geq$10 besteht aus einem Teil der durch 10 (und damit durch 5) teilbar ist und aus der Einerziffer. ZB. $1658 = 165 \cdot 10 + 8$, da der erste Summand stets durch 5 teilbar ist, kommt es nur mehr auf die Einerziffer an, ob die ganze Zahl durch 5 teilbar ist.

56 ad(2): da $a|b$ muss es ein $p \in \mathbb{N}^*$ geben, mit $b = p \cdot a \Rightarrow b \cdot c = p \cdot a \cdot c \Rightarrow b \cdot c = \underbrace{p \cdot c}_{q} \Leftrightarrow a|b \cdot c$ □
ad (4): Da $a|b$ und $a|c$ muss es ein p und ein q (jeweils aus $\mathbb{N}^*$) geben, mit $b = p \cdot a$ und $c = q \cdot a$. Damit ergibt sich weiters, dass $b - c = (p - q) \cdot a$, was aber wieder heißt, dass $a|(b - c)$ □

57 Wenn sie durch 2 und durch 3 teilbar ist.

58 Siehe http://www.thema-mathematik.at

59 -

60 **a)** $42 = 2 \cdot 3 \cdot 7 \Longrightarrow \tau(42) = 2 \cdot 2 \cdot 2 = 8$, $T_{42} = \{1, 2, 3, 6, 7, 14, 21, 42\}$
b) $81 = 3 \cdot 3 \cdot 3 \cdot 3 \Longrightarrow \tau(81) = 5$, $T_{81} = \{1, 3, 9, 27, 81\}$
c) $96 = 2^5 \cdot 3 \Longrightarrow \tau(96) = 6 \cdot 2 = 12$, $T_{96} = \{1, 2, 3, 4, 6, 8, 12, 16, 24, 32, 48, 96\}$
d) $144 = 2^4 \cdot 3^2 \Longrightarrow \tau(144) = 5 \cdot 3 = 15$, $T_{144} = \{1, 2, 3, 4, 6, 8, 9, 12, 16, 18, 24, 36, 48, 72, 144\}$

61 Jede Teilermenge $T(n)$ enthält ein größtes Element (nämlich n), damit muss die Anzahl der Teiler endlich sein.

62

a)

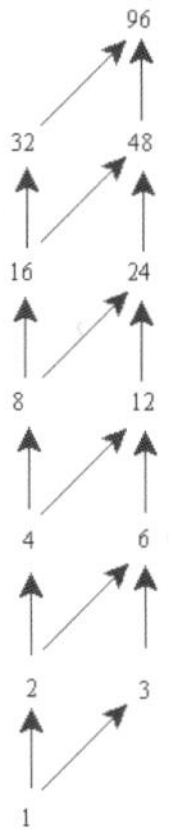

b)

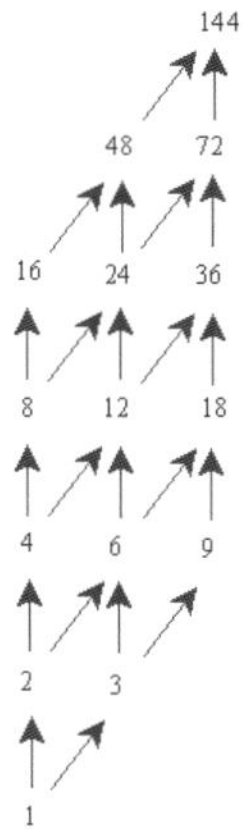

c)

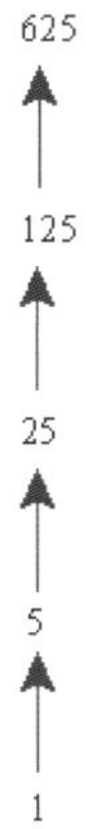

63 **a)** 6, da $1 + 2 + 3 = 6$
b) 1.Mersenne'sche Primzahl: $2^3 - 1 = 7$,
$1 + 2 + 3 + 4 + 5 + 6 + 7 = 28$,
$T_{28} = \{1, 2, 4, 7, 14, 28\}$,
$1 + 2 + 4 + 7 + 14 = 28$
2.Mersenne'sche Primzahl: $2^7 - 1 = 127$,
$1 + 2 + 3 + \ldots + 126 + 127 = \frac{127 \cdot 128}{2} = 8128$,
$T_{8128} = \{1, 2, 4, 8, 16, 32, 64, 127, 254, 508, 1016, 2032, 4064, 8128\}$,
$1 + 2 + 4 + 8 + \ldots + 2032 + 4064 = 8128$

64 Beweis: $a \mid b \Longleftrightarrow b = q \cdot a$
$b = q \cdot a \mid \cdot c$
$b \cdot c = q \cdot a \cdot c \Longleftrightarrow a \cdot c \mid b \cdot c$ $\square$

65 **a)** falsch **b)** richtig **c)** falsch

66 Im Buch ausgeführt.

67 Im Buch ausgeführt.

68 Im Buch ausgeführt.

69 **a)** 8, **b)** 9, **c)** 256, **d)** 1024, **e)** 27, **f)** 1024

70 **a)** $2^8 = 256$ **b)** $3^5 = 243$
c) $5^2 \cdot 5^4 = 5^6 = 15625$
d) $2^8 \cdot 2^3 = 2^{11} = 2048$

71 **a)** 4 **b)** 7 **c)** 3 **d)** 1

72 **a)** $8^2 = 64$ **b)** $8^4 = 4096$
c) $2^8 = 256$ **d)** $2^9 = 512$

73 **a)** Begründung: $a^n \cdot a^m = \underbrace{a \cdot \ldots \cdot a}_{n-mal} \cdot \underbrace{a \cdot \ldots \cdot a}_{m-mal} = a^{n+m}$ $\square$

b) Begründung: $\frac{a^n}{a^m} = \frac{\overbrace{a \cdot \ldots \ldots \cdot a}^{n-mal}}{\underbrace{a \cdot \ldots \cdot a}_{m-mal}} = a^{n-m}$ $\square$

c) Begründung: $(a^m)^n = \underbrace{a^m \cdot \ldots \cdot a^m}_{n-mal} = a^{m \cdot n}$ $\square$

74 Begründung: Da $\frac{a^n}{a^m} = a^{n-m}$ folgt für den Fall $n = m$: $\underbrace{\frac{a^m}{a^m}}_{1} = \underbrace{a^{m-m}}_{a^0}$ $\square$

75

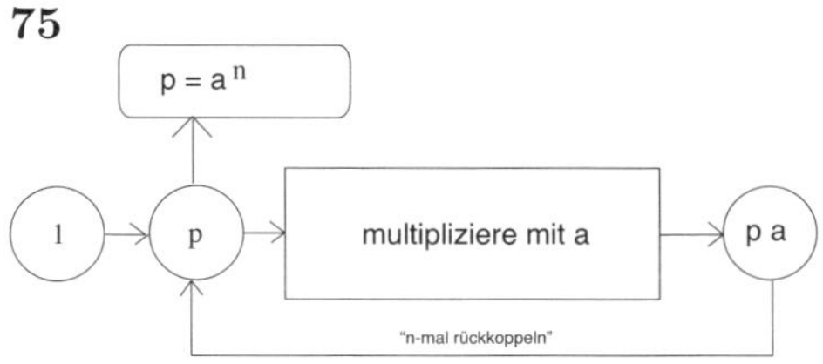

76 **a)** 8 **b)** 1 **c)** 288 **d)** 98 **e)** 1 **f)** 4

77 **a)** 336 **b)** 864 **c)** 450
d) 350 **e)** 168 **f)** 672

78 **a)** $15 = 3 \cdot 5$; $16 = 2^4$
b) $20 = 2^2 \cdot 5$; $21 = 3 \cdot 7$
c) $15 = 3 \cdot 5$; $56 = 2^3 \cdot 7$
d) $64 = 2^6$ $81 = 3^4$

79 Begründung: Wir betrachten zwei beliebige aufeinander folgende natürliche Zahlen $n, n + 1$. Wenn $m > 1$ ein Teiler von n ist $\Rightarrow m \nmid (n + 1)$, da Rest 1 bleibt. $\square$

80 Siehe http://www.thema-mathematik.at

81 **a)** 8 **b)** 7 **c)** 1

82

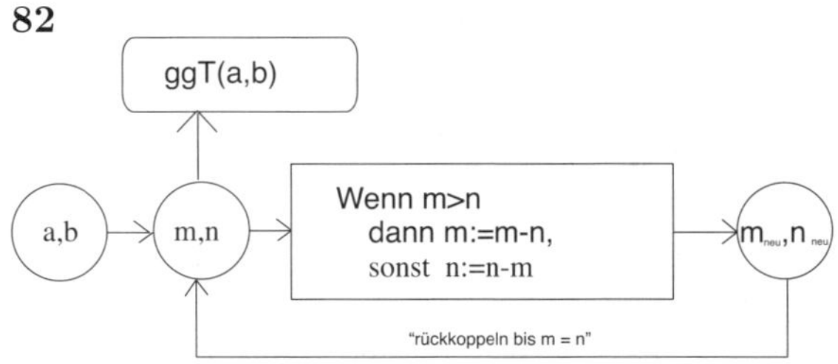

83 **a)** 3 **b)** 7

84 Begründung:
Es sei $\text{ggT}(a,\ b) = r$, dann gilt $a = r \cdot q_1$ und $b = r \cdot q_2$, wobei q_1, q_2 teilerfremd sind.
Es sei $\text{ggT}(r,\ c) = s$, dann gilt $r = s \cdot q_3$ und $c = s \cdot q_4$, wobei q_3, q_4 teilerfremd sind.
Damit gilt auch $a = s \cdot q_3 \cdot q_1$ und $b = s \cdot q_3 \cdot q_2$ und s ist somit der größte Teiler von a, b und c und damit ggT(ggT(a, b), c) = ggT(a, b, c) □

85 $\text{kgV}(12, 18, 20, 64) = \text{kgV}(2^2 \cdot 3, 2 \cdot 3^2,\ 2^2 \cdot 5,\ 2^6) = 2^6 \cdot 3^2 \cdot 5 = 2880$ Damit muss sich das 1. Rad 240 mal, das 2. Rad 160 mal, das 3. Rad 144 mal und das 4. Rad 45 mal drehen, bis wieder die ursprüngliche Stellung erreicht ist.

86 $9n = 7n + 150 \Rightarrow 2n = 150 \Rightarrow n = 75$
$9 \cdot 75 = 675$ und $7 \cdot 75 + 150 = 675$

87 Im Buch ausgeführt.

88 -

89 $(a+b) \cdot (c+d) \underbrace{=}_{D} a \cdot (c+d) + b \cdot (c+d) \underbrace{=}_{K\cdot}$
$(c+d) \cdot a + (c+d) \cdot b \underbrace{=}_{D} c \cdot a + d \cdot a + c \cdot b + d \cdot b \underbrace{=}_{K\cdot}$
$a \cdot c + a \cdot d + b \cdot c + b \cdot d$ □

90 -

91 -

92 -

93 **a)** $(a+b)^2 \underbrace{=}_{Def.} (a+b) \cdot (a+b) \underbrace{=}_{D}$
$a \cdot (a+b) + b \cdot (a+b) \underbrace{=}_{K\cdot} (a+b) \cdot a + (a+b) \cdot b \underbrace{=}_{D}$
$a \cdot a + b \cdot a + a \cdot b + b \cdot b \underbrace{=}_{K\cdot, Def.} a^2 + a \cdot b + a \cdot b + b^2 \underbrace{=}_{Ab+}$
$a^2 + 2 \cdot a \cdot b + b^2$ □

b) $(a+b) \cdot (a-b) \underbrace{=}_{D} a \cdot (a-b) + b \cdot (a-b) \underbrace{=}_{K\cdot}$
$(a-b) \cdot a + (a-b) \cdot b \underbrace{=}_{D}$
$a \cdot a - b \cdot a + a \cdot b - b \cdot b \underbrace{=}_{K\cdot}$
$a \cdot a - a \cdot b + a \cdot b - b \cdot b \underbrace{=}_{I+}$
$a \cdot a + 0 - b \cdot b \underbrace{=}_{N+, Def.} a^2 - b^2$ □

94 Es fehlt das *inverse Element der Multiplikation*, d.h. $a \cdot a^{-1} = 1$. Bei den ganzen Zahlen lässt sich nicht für jede Zahl $z \in \mathbb{Z}$ ein inverses Element angeben. Z.B. $3 \cdot \underbrace{3^{-1}}_{\frac{1}{3} \notin \mathbb{Z}} = 1$

95 $\mathbb{Z} = \{0, 1, -1, 2, -2, 3, -3, \ldots, n, -n, \ldots\}$

96 **a)** $\mid -13 \mid = 13$, **b)** $\mid 57 - 75 \mid = \mid -18 \mid = 18$, **c)** $\mid (-3) \cdot (45 - 45) \mid = 0$

97 **a)** $\mid b - a \mid = \mid -(a-b) \mid = \mid a - b \mid$
b) Abstand der zu a und b gehörigen Punkte auf der Zahlengeraden

98 **a)** falsch, Richtigstellung: Abstand vom Nullpunkt **b)** richtig **c)** richtig, z.B. $- \mid -(-3) \mid = -3$

99 Im Buch ausgeführt.

100 Im Buch ausgeführt.

101 Im Buch ausgeführt.

102

a) 3,5	**b)** 0,35	**c)** 0,175
d) 0,036	**e)** $0,\overline{428571}$	**f)** $0,\overline{36}$
g) $0.1\dot{6}$	**h)** $0,\overline{790123456}$	**i)** $4,\overline{076923}$

103 -

104

a) $\frac{12}{5}$ **b)** $\frac{134}{25}$ **c)** $\frac{137}{100}$ **d)** $\frac{101}{250}$

e) $\frac{8}{9}$ **f)** $\frac{2}{11}$ **g)** $\frac{4}{45}$ **h)** $\frac{611}{495}$ **i)** $\frac{1233}{999}$

105 -

106 **a)** $\frac{1}{13}$, Periodenlänge: 6 **b)** $\frac{1}{17}$, Periodenlänge: 16 **c)** $\frac{1}{23}$, Periodenlänge: 22 **d)** $\frac{1}{29}$, Periodenlänge: 28

107

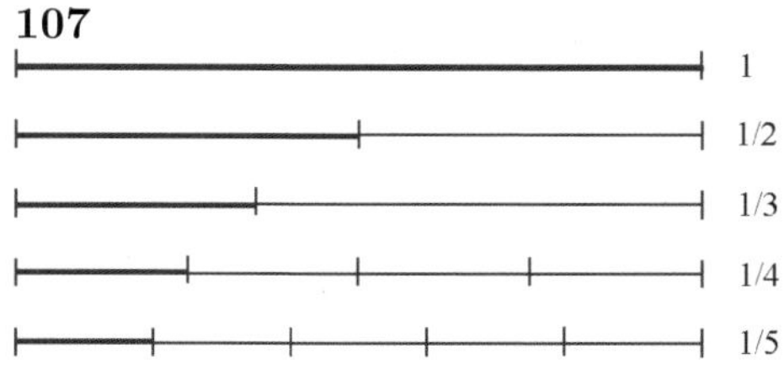

108 **a)** $\frac{1}{2}, \frac{2}{3}, \frac{3}{5}, \frac{5}{8}, \frac{8}{13}, \ldots, \frac{n_{alt}}{z_{alt}+n_{alt}}, \ldots$

b) $\underbrace{\frac{1}{1}}, \underbrace{\frac{1}{2}, \frac{2}{1}}, \underbrace{\frac{1}{3}, \frac{2}{2}, \frac{3}{1}}, \underbrace{\frac{1}{4}, \frac{2}{3}, \frac{3}{2}, \frac{4}{1}}, \ldots$

$z + n = konstant$

109 **a)** Es wird immer wieder DIV und MOD bestimmt:
r div $n \to q_1$, r mod $n \to r_1$
$r_1 \cdot 10 \to r_2$

r div $n \to q_2$, r mod $n \to r_2$
$r_2 \cdot 10 \to r_3$

Der Quotient ergibt sich dann zu $q_1, q_2q_3q_4 \ldots$
b) -

110 **a)** $\in \mathbb{Q}$, **b)** $\in \mathbb{Q}$, **c)** $\in \mathbb{Q}$, **d)** $\in \mathbb{Q}$, **e)** $\notin \mathbb{Q}$

111 Im Buch ausgeführt.

112 Es gilt: $\frac{z}{n} = z \cdot \frac{1}{n}$, wobei $\frac{1}{n}$ das inverse Element von n bzgl. der Multiplikation ist.
Damit ergibt sich:
(1) $-\frac{z}{n} = (-1) \cdot \frac{z}{n} = (-1) \cdot z \cdot \frac{1}{n} = (-z) \cdot \frac{1}{n} = \frac{-z}{n}$
(2) $-\frac{z}{n} = (-1) \cdot \frac{z}{n} = (-1) \cdot z \cdot \frac{1}{n} = (-1) \cdot \frac{1}{n} \cdot z = (-\frac{1}{n}) \cdot z = z \cdot (-\frac{1}{n}) = \frac{z}{-n}$

113 **a)** $\frac{60}{96} = \frac{110}{176} = \frac{5}{8}$, **b)** $\frac{156\pi}{364\pi} = \frac{1092\pi}{2548\pi} = \frac{3}{7}$

114 **a)** $\frac{21}{40}$, **b)** $-\frac{13}{7}$

115 **a)** $\frac{253}{240}$, **b)** $-\frac{27}{28}$, **c)** $-\frac{161}{1296}$, **d)** $\frac{1369}{1296}$

116 **a)** $-\frac{70}{27}$, **b)** $\frac{60}{427}$, **c)** $\frac{12}{31}$, **d)** $\frac{3}{5}$

117 **a)** $\frac{3}{7}$, **b)** $\frac{56}{5}$, **c)** $\frac{7}{40}$, **d)** 54

118 **a)** $\frac{a}{b} \cdot \frac{b}{a} = 1$, **b)** $\frac{1}{\frac{b}{a}} = \frac{a}{b}$, **c)** $a = \frac{a}{1} \Rightarrow \frac{1}{a}$

119 **a)** richtig , **b)** falsch, **c)** falsch, **d)** falsch

120 -

121 Begründung: $\frac{1}{2} + \frac{1}{3} + \frac{1}{9} = \frac{17}{18}$. Es wird nicht das gesamte Erbe verteilt!

122 **a)** Der ganzzahlige Anteil des Bruches wird abgespalten, aus dem Rest wird der Kehrwert gebildet. Dies wird so lange fortgesetzt bis der Rest ein Stammbruch ist.
b) $1 + \frac{1}{1+\frac{1}{1}} = 1 + \frac{1}{2} = \frac{3}{2}$, Fehler: $\frac{14}{9} - \frac{3}{2} = 0{,}0\dot{5}$
$1 + \frac{1}{1} = 2$, Fehler: $\frac{14}{9} - 2 = -\frac{4}{9} = -0{,}\dot{4}$

123 **a)** $\frac{5}{3} = 1 + \frac{2}{3} = 1 + \frac{1}{\frac{3}{2}} = 1 + \frac{1}{1+\frac{1}{2}}$ [1;1,2]
b) $\frac{22}{15} = 1 + \frac{7}{15} = 1 + \frac{1}{\frac{15}{7}} = 1 + \frac{1}{2+\frac{1}{7}}$ [1;2,7]
c) $\frac{131}{100} = 1 + \frac{31}{100} = 1 + \frac{1}{\frac{100}{31}} = 1 + \frac{1}{3+\frac{7}{31}} = 1 + \frac{1}{3+\frac{1}{4+\frac{3}{7}}} = 1 + \frac{1}{3+\frac{1}{4+\frac{1}{2+\frac{1}{3}}}}$ $[1; 3, 4, 2, 3]$
d) $\frac{917}{700} = 1 + \frac{217}{700} = 1 + \frac{1}{\frac{700}{217}} = 1 + \frac{1}{3+\frac{49}{217}} = 1 + \frac{1}{3+\frac{1}{4+\frac{21}{49}}} = 1 + \frac{1}{3+\frac{1}{4+\frac{1}{2+\frac{7}{21}}}} = 1 + \frac{1}{3+\frac{1}{4+\frac{1}{2+\frac{1}{3}}}}$ $[1; 3, 4, 2, 3]$

124 $T_6 = \{1, 2, 3, 6\} \Rightarrow \frac{1}{1} + \frac{1}{2} + \frac{1}{3} + \frac{1}{6} = 2$

$T_{28} = \{1, 2, 4, 7, 14, 28\} \Rightarrow \frac{1}{1}+\frac{1}{2}+\frac{1}{4}+\frac{1}{7}+\frac{1}{14}+\frac{1}{28} = 2$

125 $\frac{1}{1} + \frac{1}{2} + \frac{1}{4} + \ldots + \frac{1}{2^n} + \ldots = 2$
Summe besteht aus ∞ vielen Summanden!

126 Im Buch ausgeführt.

127 **a)** 17 **b)** -18 **c)** 0 **d)** -2 **e)** 18
f) -17 **g)** 0 **h)** -1

128 **a)** 3,14 **b)** 3,1415
Die jeweilige Zahl wird nach der 2. bzw. 4. Nachkommastelle abgeschnitten.

129 Siehe Beispiel 128.

130 Zu zeigen: a mod $m = a - m \cdot \lfloor \frac{a}{m} \rfloor$
Es gilt: $a = q \cdot m + r = (\underbrace{\lfloor \frac{a}{m} \rfloor}_{q}) \cdot m + (\underbrace{a \bmod m}_{r})$

Damit ist $a - \lfloor \frac{a}{m} \rfloor \cdot m = a \bmod m$ $\square$

ZB. $-13 \bmod 3 = -13 - 3 \cdot \lfloor \frac{-13}{3} \rfloor = -12 - 3 \cdot (-5) = 3$

131 $\frac{\frac{8}{15} + \frac{9}{15}}{2} = \frac{17}{30}$

$\frac{8}{15} < \frac{17}{30} < \frac{9}{15} \Leftrightarrow \frac{16}{30} < \frac{17}{30} < \frac{18}{30}$

132 Zwischen zwei benachbarten ganzen Zahlen $z, z+1$ gibt es keine weitere ganze Zahl g.

133 Zwischen zwei benachbarten Stammbrüchen $\frac{1}{n}, \frac{1}{n+1}$ gibt es keinen weiteren Stammbruch $\frac{1}{m}$ mit $\frac{1}{n+1} < \frac{1}{m} < \frac{1}{n}$.

134 2

135 **a)** $\frac{1}{3} - \frac{1}{4} = \frac{1}{12}$

b) $\frac{c}{d} - \frac{a}{b} = \frac{1}{d \cdot b} \mid \cdot bd \Rightarrow c \cdot b - a \cdot d = 1$

c) $\frac{a+c}{b+d} - \frac{a}{b} = \frac{ab+cb-ab-ad}{(b+d)\cdot b} = \frac{cb-ad}{(b+d)\cdot b} = \frac{1}{(b+d)\cdot b}$ bzw.

$\frac{c}{b} - \frac{a+c}{b+d} = \frac{cb+cd-ab-cb}{d\cdot(b+d)} = \frac{cb-ad}{d\cdot(b+d)} = \frac{1}{d\cdot(b+d)}$

136 Begründung: Betrachten wir irgendeinen Bruch $\frac{m}{n}$. Dieser tritt entweder in der n-ten Zeile auf oder er lässt sich kürzen, dann ist der (neue) Nenner n_1 kleiner als n, also $n_1 < n$. Damit kommt der Bruch bereits in der Zeile n_1 vor. Jeder Bruch mit beliebigem Nenner n muss damit bis zur n-ten Zeile der Farey-Girlande auftreten.

137 $0; \frac{1}{1} = 1; -1; 2; -2; \frac{1}{2}; -\frac{1}{2}; \frac{1}{3}; -\frac{1}{3}; \ldots$
Mit jeder positiven rationalen Zahl, wird auch die entsprechende negative rationale Zahl angeschrieben. Bereits vorgekommene Zahlen werden übergangen.

138 Der linke neue Bruch entsteht aus $\frac{z_{alt}}{z_{alt}+n_{alt}}$, der rechte aus $\frac{z_{alt}+n_{alt}}{n_{alt}}$.

139 Im Buch ausgeführt.

140 Alle Wurzeln aus n ergeben sich (unter geschickter Anwendung des Lehrsatzes von Pythagoras) der Reihe nach als Katheten in rechtwinkeligen Dreiecken:

$\sqrt{2} = \sqrt{1^2 + 1^2}$

$\sqrt{3} = \sqrt{1^2 + (\sqrt{2})^2} = \sqrt{1+2}$

$\sqrt{4} = \sqrt{1^2 + (\sqrt{3})^2} = \sqrt{1+3}$

...

141 **a)** $\sqrt{5} = \sqrt{1^2 + 2^2}$, **b)** $\sqrt{7} = \sqrt{4^2 - 3^2}$,
ad b)

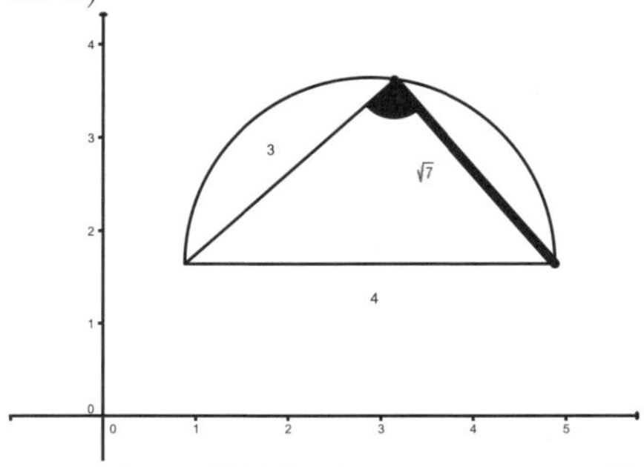

c) $\sqrt{11} = \sqrt{6^2 - 5^2}$, **d)** $\sqrt{12} = \sqrt{4^2 - 2^2}$

142 **a)** $3 \cdot 2 = h_c^2 \Rightarrow h_c = \pm\sqrt{6}$
b) $7 \cdot 1 = h_c^2 \Rightarrow h_c = \pm\sqrt{7}$
c) $5 \cdot 2 = h_c^2 \Rightarrow h_c = \pm\sqrt{10}$
d) $11 \cdot 1 = h_c^2 \Rightarrow h_c = \pm\sqrt{11}$
e) $5 \cdot 3 = h_c^2 \Rightarrow h_c = \pm\sqrt{15}$
f) $17 \cdot 1 = h_c^2 \Rightarrow h_c = \pm\sqrt{7}$
g) $29 \cdot 1 = h_c^2 \Rightarrow h_c = \pm\sqrt{29}$
h) $8 \cdot 4 = h_c^2 \Rightarrow h_c = \pm\sqrt{32}$

143 **a)** Beweis(indirekt): ang. $\sqrt{3} = \frac{z}{n} (\in \mathbb{Q}) \Rightarrow 3 = \frac{z^2}{n^2} \Rightarrow 3n^2 = z^2$
Der Primfaktor 3 tritt links in ungeradzahliger Anzahl auf, rechts aber in geradzahliger Anzahl, Widerspruch!
b), **c)** analog.

144 **a)** $\approx 2,83; \approx 3,46; \approx -2,83$, **b)** $\frac{1}{2}, \frac{1}{3}, \frac{1}{5}$

145 **a)** falsch, **b)** falsch, **c)** falsch, **d)** falsch

146 (1) 0,1491625..., Nachkommastellen entstehen aus den Quadratzahlen von 1, 2, 3, 4,...
(2) 0,101001000100000..., Nachkommastellen entstehen aus den Zehnerpotenzen
(3) 0.1223334444..., Nachkommastellen entstehen durch Wiederholung der Ziffern

147

Reelle Zahlen	Darstellung als	
	Bruch	Dezimalzahl
rationale Zahlen	möglich	endliche und unendliche periodische Dezimalzahlen
irrationale Zahlen	nicht möglich	unendliche nicht-periodische Dezimalzahlen

148

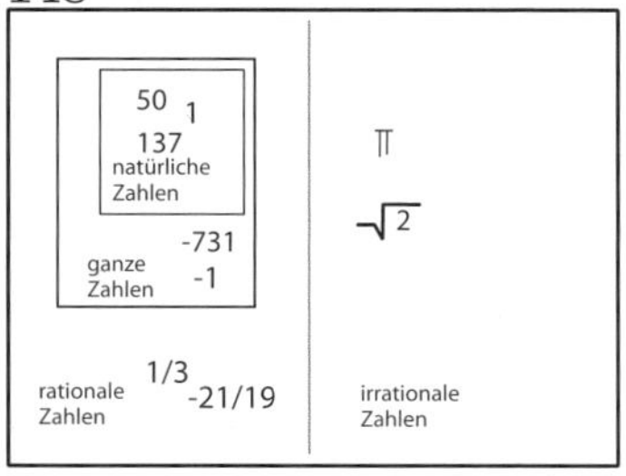

149

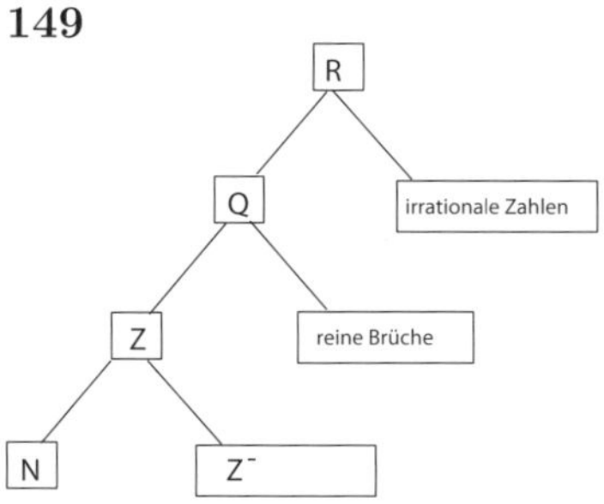

150 Im Buch ausgeführt.

151 Im Buch ausgeführt.

152 **a)** $2,8 \cdot 10^3$, **b)** $3,6 \cdot 10^4$, **c)** $4,3 \cdot 10^8$, **d)** $3,2 \cdot 10^{-2}$, **e)** $6,704 \cdot 10^{-3}$, **f)** $5,3 \cdot 10^{-7}$

153 **a)** $3 \cdot 10^{-3}$, **b)** $5 \cdot 10^{-4}$, **c)** $9,9 \cdot 10^{-6}$, **d)** $2,8 \cdot 10^{-1}$, **e)** $4,96 \cdot 10^{-1}$, **f)** $8,128 \cdot 10^{-5}$

154 **a)** 0,001 m bis 0,000 000 78 m
b) 0,000 000 38 m bis 0,000 000 000 6 m
c) 0,000 000 000 8 m bis 0,000 000 000 05 m

155 Im Allgemeinen ist dies nicht sinnvoll, da die Gleitkommadarstellung mehr Übersichtlichkeit bringen soll. Um die vereinfachende Wirkung der Gleitkommadarstellung nicht durch allzu exakte Angaben zunichte zu machen, wird oft eine bestimme Mantissenlänge festgelegt.

156 -

157 **a)** $5 \cdot 10^3$ W / $2,5 \cdot 10^6$ W / $2,2 \cdot 10^{11}$ W / $3 \cdot 10^{12}$ W
b) $4 \cdot 10^{-6}$ m / $1,2 \cdot 10^{-8}$ m / $2,79 \cdot 10^{-12}$ m / $1,2 \cdot 10^{-15}$ m
c) $1,25 \cdot 10^4$ g / $1,7 \cdot 10^7$ g / $3 \cdot 10^{-3}$ g / $4 \cdot 10^{-7}$ g

158 **a)** $3 \cdot 10^6 \text{m}^2$ / $2 \cdot 10^{-4} \text{m}^2$ / $7 \cdot 10^{-7} \text{m}^2$
b) $5 \cdot 10^2 \text{m}^2$ / $2,6 \cdot 10^5 \text{m}^2$ / $3,2452 \cdot 10^7 \text{m}^2$
c) $3 \cdot 10^3 \text{dm}^3$ / $3,4 \cdot 10^{-2} \text{dm}^2$ / $1,23 \cdot 10^{-1} \text{m}^3$
d) $3,52 \cdot 10^3$ l / $1,5 \cdot 10^1$ hl / $2,334$ l

159 **a)** $5 \cdot 10^{-8}$ mm **b)** $9,7 \cdot 10^7$ Hz
c) $1,5 \cdot 10^8$ km

160 **a)** $12'' = 0,3048$ m / $\frac{1}{2}'' = 0,0127$ m / $\frac{1}{12}'' = 0,00211\dot{6}$ m
b) 120 ft = 36,576 m / 32000 ft = 9753,6 m / 3,28 ft = 0,999744 m
c) 200 Meilen = 321800 m / 76 Meilen = 122284 m / $\frac{1}{2}$ Meile = 804,5 m

161 **a)** $5,099 \cdot 10^8 \text{ km}^2$ **b)** $1,08 \cdot 10^{12} \text{ km}^3$
c) $5,9 \cdot 10^{24}$ kg

162 ~ 11742 Erddurchmesser

163 $\sim 5,98 \cdot 10^{26}$ Protonen

164 $\sim 2 \cdot 10^{11}$ kg

165 10^{48}

166 1,3 s

167 $1,\dot{3} \cdot 10^8$ s ($\approx 4,2$ Jahre)

168 Im Buch ausgeführt.

169 Im Buch ausgeführt.

170 **a)** 53 ± 1 **b)** 66 ± 3 **c)** $2,04 \pm 0,005$
d) $0,007 \pm 0,004$

171 **a)** $119 \leq x \leq 125$ **b)** $0,71 \leq x \leq 0,79$
c) $18,11 \leq x \leq 18,35$ **d)** $m - e \leq m \leq m + e$

172 **a)** $11,5 \leq x < 12,5$ **b)** $11,95 \leq x < 12,05$
c) $11,095 \leq x < 12,005$ **d)** $3,075 \leq x < 3,085$
e) $3,085 \leq x < 3,095$ **f)** $389,5 \leq x < 390,5$

173 **a)** $6,2 \leq a + b \leq 6,4$
b) $-1,5 \leq a - b \leq -1,3$ **c)** $5,76 \leq a^2 \leq 6,25$
d) $9,12 \leq a \cdot b \leq 9,75$
e) $0,615 \leq \frac{a}{b} \leq 0,658$ **f)** $14,44 \leq b^2 \leq 15,21$

174 $377,5 \leq v \cdot t \leq 397,32$

175

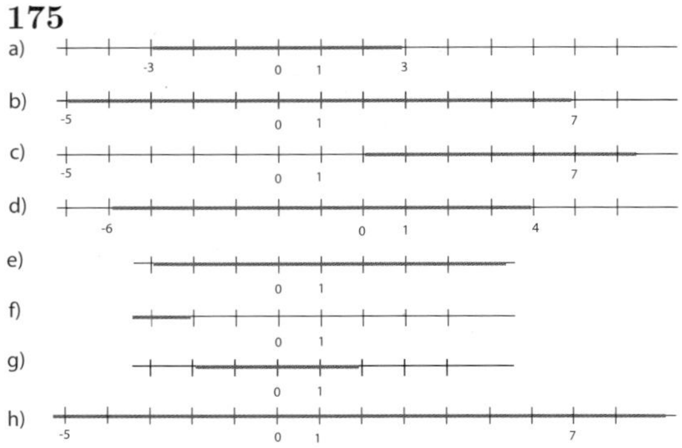

176 **a)**[-3 ; 4] **b)**] -2 ; 3] **c)** [-3,5 ; 2 [
d)] -3 ; 2 [**e)** [0 ; ∞ [**f)**] -∞ ; 2 [

177 Im Buch ausgeführt.

178 Im Buch ausgeführt.

179 Im Buch ausgeführt.

180 **a)** 11 **b)** 23 **c)** 113
d) 31 **e)** 17 **f)** 255

181 **a)**1111 **b)**1 0001 **c)**1 1000
d)1 1100 **e)**10 0011 **f)**11 1111
g)1000 0000 **h)**1000 0001 **i)**10 1101 1001
j)11 1110 0111 **k)**100 0000 0000
l)1 0011 1000 1001

182 **a)** 26 **b)** 171 **c)** 16 **d)** 255
e) 2748 **f)** 2782 **g)** 257 **h)** 672

183 **a)** F **b)** 11 **c)** 32 **d)** 40
e) FF **f)** 137 **g)** 3FF **h)** 1000

184 **a)** 6 **b)** 21 **c)** 24 **d)** 194
e) 48 **f)** 49 **g)** 56 **h)** 71

185 **a)** –, **b)** BD ; BDF
c) 1010 0111 ; 101 1100 ; 1010 1000 1100

186 -

187 Siehe http://www.thema-mathematik.at

188 **a)** $2^4 = 16$, **b)** $2^8 = 256$,
c) $2^{12}\text{B} = 2^2 \cdot 2^{10} = 4$ kB;
2^{16} B $= 2^6 \cdot 2^{10} = 64$ kB;
2^{20} B $= 2^{10} \cdot 2^{10} = 1024$ kB
d) 1 TB = 2^{10} GB = $2^{10} \cdot 2^{10}$ MB = 2^{20} MB

189 8 Bit = 1 Byte

190 **a)** 1100 ; 1 0110 **b)** 1 ; 100
c) 1111 ; 111 0101

191 17 → 10001, 21 → 10101

$\overbrace{[10001]_2}^{17} \cdot \overbrace{[10101]_2}^{21}$ Die Stellenwerte des Multiplikators 21, die einen Beitrag zur Multplikation liefern, sind 1, 4 und 16.

$$\begin{array}{rrr} 17\cdot & 1 = & 17 \\ 17\cdot & 4 = & 68 \\ 17\cdot & 16 = & 272 \\ \hline & & 357 \end{array}$$

192 **a)** A ⊂ B, **b)** A = B, **c)** B ⊂ A, **d)** A=B,
e) A ⊂ B, **f)** keine, **g)** A=B

193 Es muss im Fall von A ⊂ B ein Element aus B geben, dass nicht in A liegt.

194 **a)** A ∩ B = {5, 6, 7},
A ∪ B = {3, 4, 5, 6, 7, 8, 9, 10, 11}
b) A ∩ B = {3, 4, 5, 6, 7, 8};
A ∪ B = {3, 4, 5, 6, 7, 8, 9}
c) A ∩ B = { }; A ∪ B = {12, 13, 22, 23, 24, 25}
d) A ∩ B = {5, 6}; A ∪ B = ℕ
e) A ∩ B = $\mathbb{N}^*$; A ∪ B = $\mathbb{N}^*$

195 **a)** A\B= {3, 4}; B\A = {8, 9, 10, 11}
b) A\B= { }; B\A = { }
c) A\B= {0, 1, 2, 3, 4, 5, 6, 7, 8}, B\A = {10, 11, 12, ...}

196 **a)** M **b)** { } **c)** M **d)** M **e)** M

197 **a)** (1) alle Mädchen der Unterstufe,
(2) alle Knaben der Oberstufe,
(3) alle Schülerinnen und Schüler,
(4) alle Schülerinnen und Schüler
b) (1) alle Mädchen der Unterstufe,
(2) alle Knaben der Oberstufe,
(3) alle Schülerinnen und Schüler der Unterstufe,
(4) alle Schülerinnen und Schüler der Oberstufe

198 a) (1) alle männlichen Mitglieder über 60,
(2) die weiblichen Mitglieder unter 25,
(3) die Mitglieder unter 25 und alle über 60,
(4) alle weiblichen Mitglieder und alle Mitglieder unter 25
b) (1) alle Mitglieder ab 25,
(2) alle weiblichen Mitglieder und alle männlichen Mitglieder über 60,
(3) alle männlichen Mitglieder und alle weiblichen Mitglieder unter 25
c) (1) alle männlichen Mitglieder und alle weiblichen Mitglieder bis 60,
(2) alle Mitglieder ab 25 und bis 60

199 a) W ∩ S **b)** K \ W **c)** S \ W
d) (K \ W) \ S **e)** K \ S

200 Kommutativgesetz: $A \cup B = B \cup A$

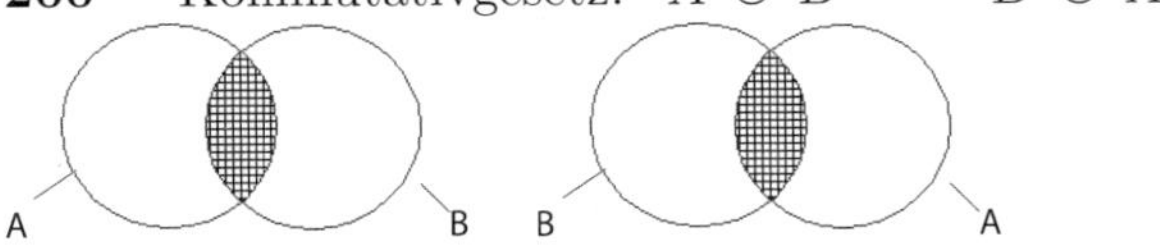

Kommutativgesetz: $A \cap B = B \cap A$ analog

201 Assoziativgesetz: $(A \cup B) \cup C = A \cup (B \cup C)$

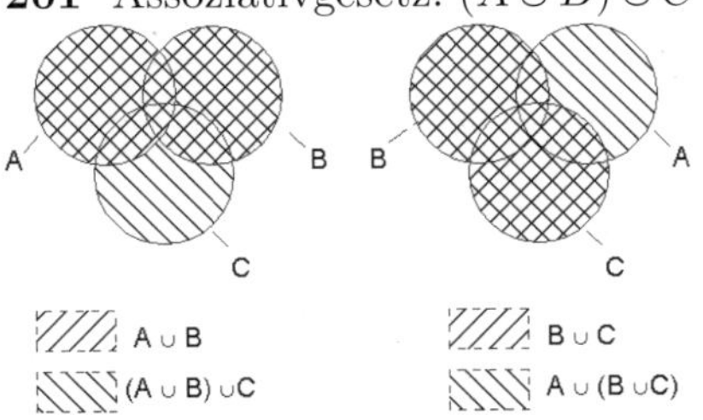

Assoziativgesetz: $(A \cap B) \cap C = A \cap (B \cap C)$ analog

202 Distributivgesetz:
$(A \cup B) \cap C = (A \cap C) \cup (B \cap C)$

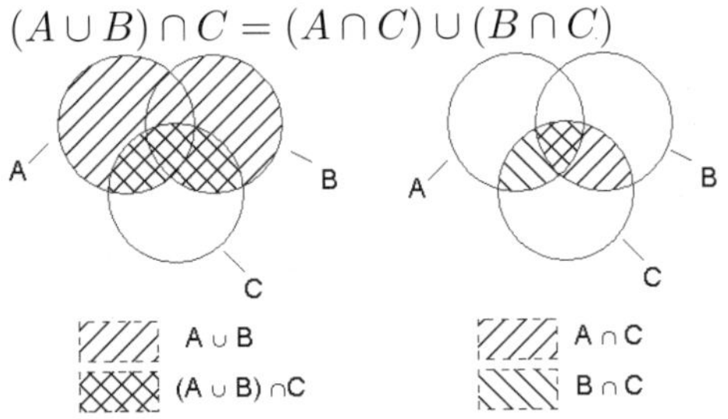

Distributivgesetz: $(A \cap B) \cup C = (A \cup C) \cap (B \cup C)$

203 a)

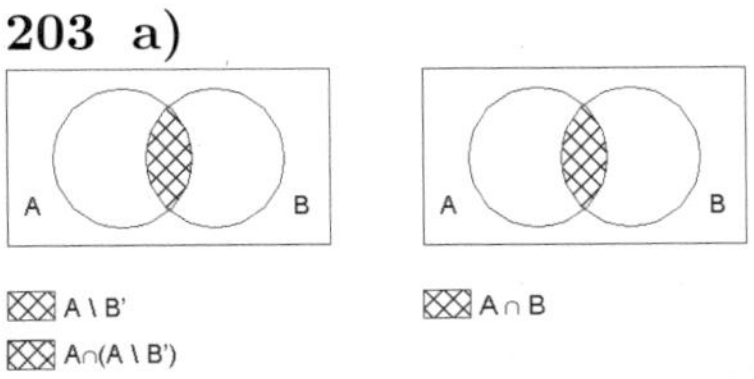

b)

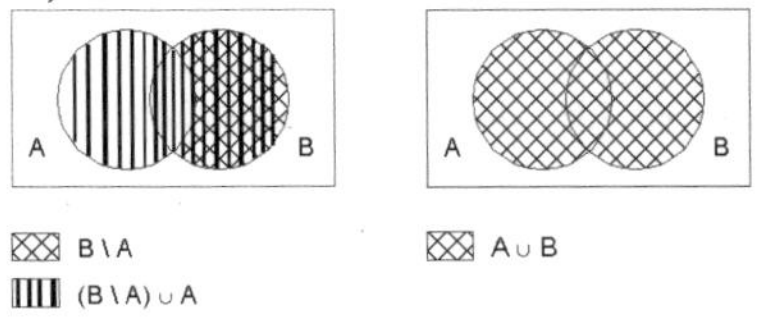

204 Im Buch ausgeführt.

205 Im Buch ausgeführt.

206 a) keine Aussage, **b)** Aussage, **c)** Aussage, **d)** keine Aussage, **e)** Aussage, **f)** keine Aussage

207 a) $\exists p \in \mathbb{P} \mid p$ ist einstellig
b) $\forall g \in \mathbb{Z} \mid g^2 \in \mathbb{Z}$
c) $\forall g \in \mathbb{Z} \mid g \in \mathbb{Q}$
d) $\exists r \in \mathbb{Q} \mid r \in \mathbb{Z}$
e) $\forall m, n \in \mathbb{N} \mid m + n = n + m$
f) $\exists n \in \mathbb{N} \mid \sqrt{n} \in \mathbb{N}$

208 a) $\forall r \in$ Rechtecke | $r \in$ Parallelogramme
b) $\forall r \in$ Rechtecke | Diagonalen halbieren einander
c) $\exists d \in$ Deltoid | $d \in$ Rauten
d) $\exists t \in$ Trapez | $d \in$ Parallelogramme
e) $\forall r \in$ Raute | $r \in$ Parallelogramme
f) $\exists r \in$ Rechteck | r besitzt 4 Symmetrieachsen

209 a) 2 ist eine gerade Primzahl.
b) 0 ist eine nichtpositive natürliche Zahl.
c) 1 ist gleich ihrem Kehrwert und 1 ist auch eine rationale Zahl.
d) z.B. 0,99995

210 a) z.B. $\sqrt{1} = 1 \in \mathbb{N}$
b) z.B. $\sqrt{2} \notin \mathbb{Q}$
c) z.B. $\sqrt{2}$ besitzt eine unendliche, nichtperiodische Dezimaldarstellung
d) z.B. | 0 | ist nicht positiv

211 a) Nicht in jedem Dreieck ist die Summe der Kathetenquadrate gleich dem Hypotenusenquadrat. (Nur in rechtwinkeligen Dreiecken.)
b) Der Umfang eines Kreises ist nicht größer als das Quadrat seines Durchmessers. ⇒ Der Umfang eines Kreises ist *kleiner oder gleich* dem Quadrat seines Durchmesser. (Der Fall der Gleichheit tritt aber nur bei Durchmesser 0 auf.)
c) wahr
d) Wenn eine natürliche Zahl ungerade ist, dann kann ihr Quadrat *nicht* gerade sein. ⇒ Das Quadrat einer ungeraden Zahl ist ungerade.

212 a) Es gibt reelle Zahlen, deren Quadrat nicht positiv ist (nämlich 0).
b) Es gibt Primzalen, die gerade sind (nämlich 2).
c) Es gibt Winkel im Dreieck, die größer als 90° sind.
d) Alle natürlichen Zahlen sind nicht-negativ.

213 a) ¬a in Worten: 5 ist kein Teiler von 17, ¬a formal: $5 \nmid 17$
b) ¬b in Worten: $\sqrt{2}$ ist keine rationale Zahl, ¬b formal: $\sqrt{2} \notin \mathbb{Q}$
c) ¬c in Worten: 19 dividiert durch 6 ist nicht 3, ¬c formal: $19 : 6 \neq 3$
d) ¬d in Worten: 169 ist nicht das Quadrat von 14; ¬d formal: $14^2 \neq 169$

214 a) $\frac{3}{4} \in \mathbb{Q}$ **b)** $0,\dot{9} = 1$ **c)** $6,\dot{9} = 7$,
d) $\forall z \in \mathbb{Z} : 1 \mid z$ **e)** $\forall n \in \mathbb{P} : n \mid n$,
f) $\exists x \in \mathbb{R} : \exists\sqrt{x}$

215 a) $\forall y \in \mathbb{R} : y \leq y^2$, **b)** $\forall y \in \mathbb{R} : y = 0$,
c) $\forall y \in \mathbb{R} : 3 - y \neq 6 + y$, **d)** $\exists y \in \mathbb{R} : 3 \nmid y$,
e) $\exists y \in \mathbb{R} : y = 0$, **f)** $\exists y \in \mathbb{R} : -(-y + 7) \neq 2 - y$

216 Im Buch ausgeführt.

217 Im Buch ausgeführt.

218 a) $a \wedge b$: Heute scheint die Sonne und heute ist schulfrei.
$a \vee b$: Heute scheint die Sonne oder heute ist schulfrei.
b) $\neg a$: Heute scheint nicht die Sonne.
$\neg b$: Heute ist ist nicht schulfrei.
c) $\neg a \wedge \neg b$: Heute scheint nicht die Sonne und heute ist nicht schulfrei.
$\neg a \vee \neg b$: Heute scheint nicht die Sonne oder heute ist nicht schulfrei.
d) $\neg(a \wedge b)$: Es trifft nicht zu, dass heute sowohl die Sonne scheint als auch schulfrei ist.
$\neg(a \vee b)$: Es trifft nicht zu, dass heute die Sonne scheint oder schulfrei ist.

219 a) $a \Rightarrow b$: Heute schlafe ich lange, folglich ist schulfrei.
b) $b \Rightarrow a$: Heute ist schulfrei, folglich schlafe ich lange.
c) $a \Leftrightarrow b$: Genau dann wenn heute schulfrei ist, schlafe ich lange.

220 a) (1) $a \Rightarrow c$: Wenn Susi viel lernt, dann schneidet sie gut bei der Prüfung ab.
(2) $b \Rightarrow c$: Wenn die Prüfung leicht ist, dann schneidet Susi gut ab.
(3) $c \Rightarrow a$: Wenn Susi gut bei der Prüfung abschneidet, dann hat sie viel gelernt.
(4) $c \Rightarrow b$: Wenn Susi gut bei der Prüfung abschneidet, dann war die Prüfung leicht.
b)(1) $\neg c \Rightarrow \neg a$: Wenn Susi bei der Prüfung nicht gut abschneidet, dann hat sie nicht viel gelernt.
(2) $\neg c \Rightarrow \neg b$: Wenn Susi bei der Prüfung nicht gut abschneidet, dann war die Prüfung nicht leicht.
c) (1) $a \Leftrightarrow c$: Genau dann, wenn Susi viel gelernt hat, schneidet sie bei der Prüfung gut ab.
(2) $b \Leftrightarrow c$: Genau dann, wenn die Prüfung leicht ist, schneidet Susi gut ab.
d) (1) $(a \vee b) \Rightarrow c$: Wenn Susi viel lernt oder die Prüfung leicht ist, schneidet sie gut ab.
(2) $\neg(c \Rightarrow a)$: Wenn Susi bei der Prüfung gut abschneidet, dann folgt nicht, dass sie viel gelernt hat.
e) (1) $\neg(a \vee b) \Rightarrow \neg c$: Wenn nicht zutrifft, dass Susi viel gelernt hat oder die Prüfung leicht ist, so folgt daraus, dass sie nicht gut abschneidet.
(2) $(\neg a \wedge b) \Rightarrow c$: Wenn Susi nicht viel gelernt hat und die Prüfung leicht ist, so schneidet sie gut ab.

221 a)

a	b	$a \Rightarrow b$	$\neg a$	$\neg b$	$\neg b \Rightarrow \neg a$
w	w	**w**	f	f	**w**
w	f	**f**	f	w	**f**
f	w	**w**	w	f	**w**
f	f	**w**	w	w	**w**

Damit ist gezeigt, dass $(a \Rightarrow b) = (\neg b \Rightarrow \neg a)$ ist.

b)

a	b	$a \Rightarrow b$	$\neg a$	$\neg b$	$\neg a \Rightarrow \neg b$
w	w	**w**	f	f	**w**
w	f	**f**	f	w	**w**
f	w	**w**	w	f	**f**
f	f	**w**	w	w	**w**

Damit ist gezeigt, dass $(a \Rightarrow b) \neq (\neg a \Rightarrow \neg b)$ ist.

222 a: Hund bellt. b: Hund beißt nicht.

a	b	$a \Rightarrow b$	$\neg a$	$\neg b$	$\neg b \Rightarrow \neg a$
w	w	**w**	f	f	**w**
w	f	**f**	f	w	**f**
f	w	**w**	w	f	**w**
f	f	**w**	w	w	**w**

223 a) $\neg(n > 5 \wedge n \leq 7) = (n \leq 5 \vee n > 7)$
b) $\neg(n \leq 13 \wedge n \geq 10) = (n > 13 \vee n < 10)$
c) $\neg(n = 0 \vee n = 7) = (n \neq 0 \wedge n \neq 7)$
d) $\neg(n \text{ ist gerade} \wedge n \text{ ist prim}) = (n \text{ ist ungerade} \vee n \text{ ist nicht prim})$

224 a)

a	b	$\neg a$	$\neg b$	$a \vee b$	$\neg(a \vee b)$	$\neg a \wedge \neg b$
w	w	f	f	w	f	f
w	f	f	w	w	f	f
f	w	w	f	w	f	f
f	f	w	w	f	w	w

b)

a	b	$\neg a$	$\neg b$	$a \wedge b$	$\neg(a \wedge b)$	$\neg a \vee \neg b$
w	w	f	f	w	f	f
w	f	f	w	f	w	w
f	w	w	f	f	w	w
f	f	w	w	f	w	w

225 a)

a	b	$\neg b$	$a \wedge b$	$a \wedge \neg b$	$(a \wedge b) \vee (a \wedge \neg b)$
w	w	f	w	f	w
w	f	w	f	w	w
f	w	f	f	f	f
f	f	w	f	f	f

b)

a	b	$\neg b$	$a \vee b$	$a \vee \neg b$	$(a \vee b) \wedge (a \vee \neg b)$
w	w	f	w	w	w
w	f	w	w	w	w
f	w	f	w	f	f
f	f	w	f	w	f

226

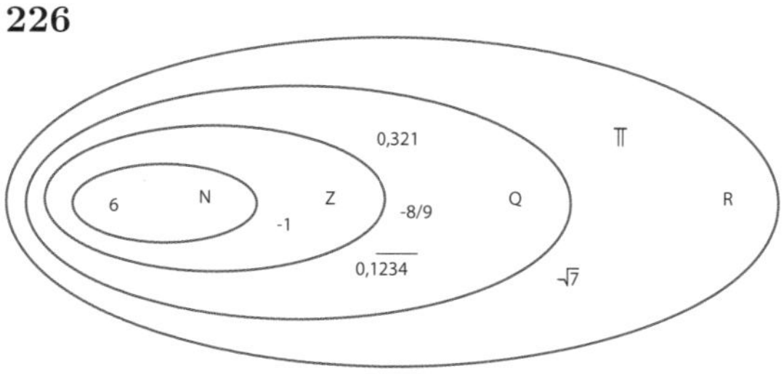

227 $\frac{2}{15}, \frac{3}{11}, \frac{33}{13}$

228 **a)** [-3 ; 3], **b)** [-6 ; 2], **c)** [-3 ; 7], **d)** [-2 ; 6], **e)**]1 ; 5[, **f)**]-5,5 ; 1,5[

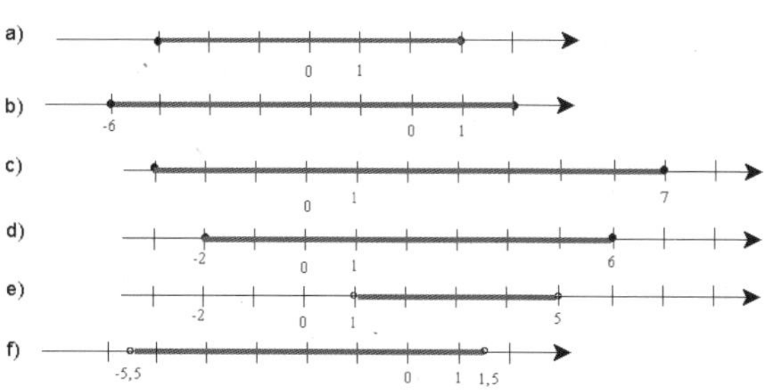

229 a) $\{x \in \mathbb{R} \mid -1 \leq x \leq 3\}$
b) $\{x \in \mathbb{R} \mid 2 < x \leq 4,5\}$
c) $\{x \in \mathbb{R} \mid -2,5 < x < 6,5\}$
d) $\{x \in \mathbb{R} \mid 3 \leq x < \infty\}$
e) $\{x \in \mathbb{R} \mid -\infty < x \leq 0,5\}$
f) $\{x \in \mathbb{R} \mid 4,5 < x < \infty\}$

230 a)

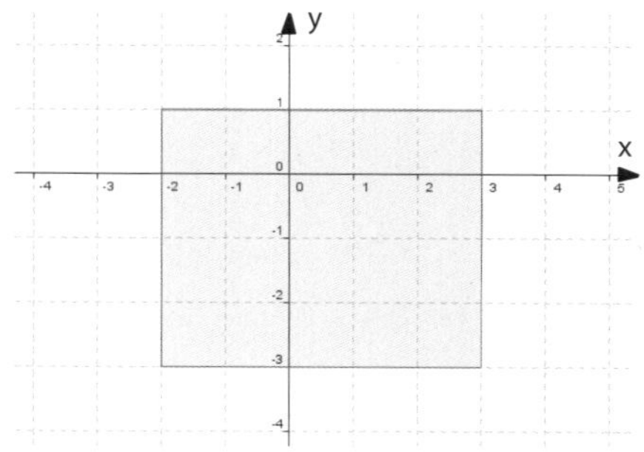

b)

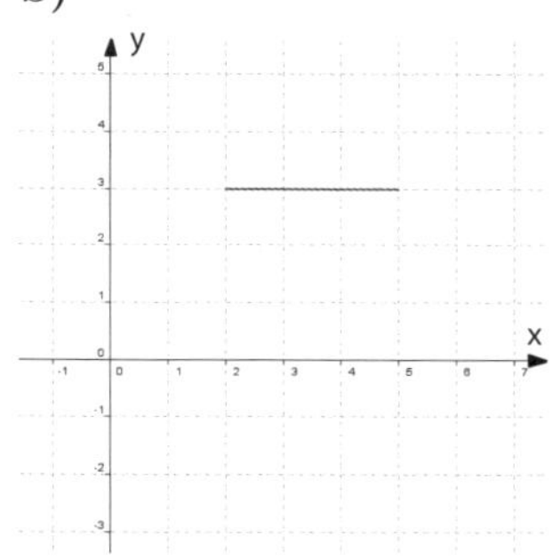

c)

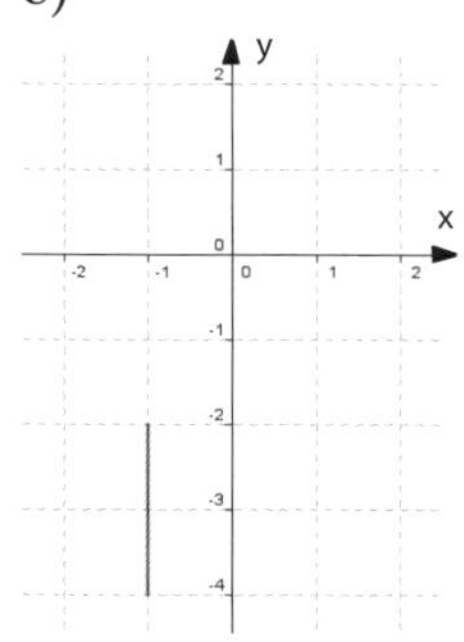

d)

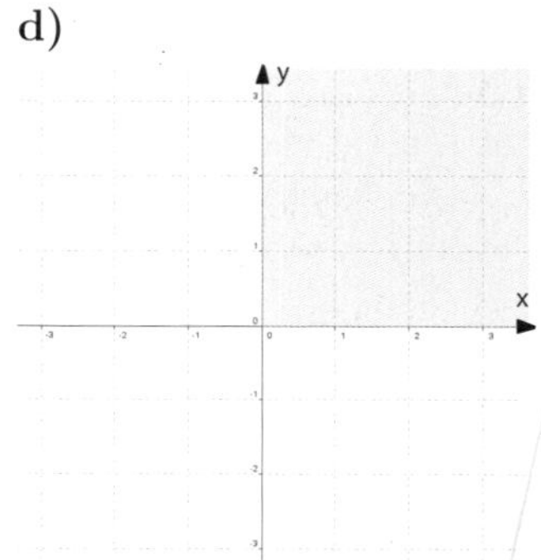

e)

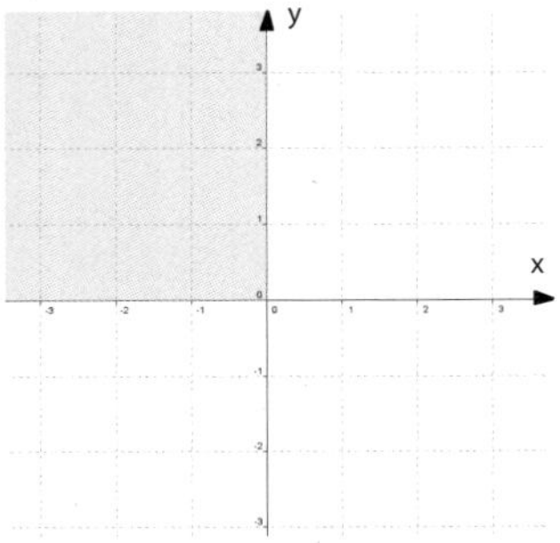

f)

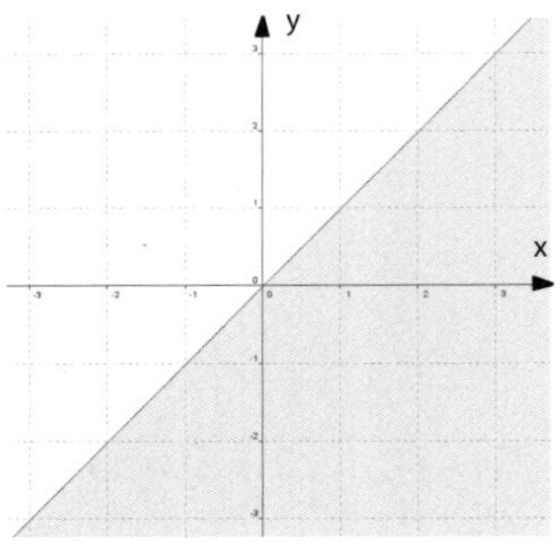

231 a) $\{(x \mid y) \mid -4 \leq x \leq 7 \wedge 1 \leq y \leq 4\}$
b) $\{(x \mid y) \mid 0 \leq x\}$
c) $\{(x \mid y) \mid x \leq 0 \wedge 0 \leq y\}$
d) $\{(x \mid y) \mid -2 \leq x \leq 7 \wedge y = 1\}$
e) $\{(x \mid y) \mid x = -2 \wedge -3 \leq y \leq 4\}$
f) $\{(x \mid y) \mid x = y\}$

232 a) Menge derer die sowohl Schifahrer als auch Snowboarder als auch Langläufer sind. $(S \cap B) \cap L$
b) Menge derer die sowohl Schifahrer als auch Snowboarder aber nicht Langläufer sind. $(S \cap B) \setminus L$
c) Menge derer die ausschließlich Langläufer sind. $L \setminus (S \cup B)$
d) Menge derer die Schifahrer oder Langläufer sind, aber nicht Snowboarder und Schiläufer sind. $((S \cup L) \setminus B) \cup (B \cap L) \setminus S$

233 a) rationale Fortsetzung:
0,1223334445555000000000000......
b) irrationale Fortsetzung:
0,12233344455555666666777777777...... (Ziffern werden in der entsprechenden Anzahl wiederholt.)
0,1 8 27 64 125 ... Die Nachkommaziffern
den über die dritten Potenzen von n gebildet.

a) n=10, m=12 **b)** d = 13, e =22

235 a) - **b)** w = (6+13) mod 7 = 5 (Freitag)
c) (t+10) mod 7 = t +3 / (t+20) mod 7 = t+6 / (t+30) mod 7 = t+2

236 a) 20.2.2002 $\Rightarrow$ t=51, a = 2002 $\Rightarrow$
$(2001 + 500 - 20 + 5 + 51)$ mod 7 = 3 (Mittwoch)
b) 20.2.2020 $\Rightarrow$ t=51, a = 2019 $\Rightarrow$
$(2019 + 504 - 20 + 5 + 51)$ mod 7 = 4 (Donnerstag)
c) -

237 a) X08044313996 $\Rightarrow$ echt, N31091026923 $\Rightarrow$ gefälscht
b) -

238 a) $1 < \sqrt{2} < 2$

$l_0 = 2$

$l_1 = \frac{1}{2} \cdot (2 + \frac{2}{2}) = \frac{3}{2} = 1,5$

$l_2 = \frac{1}{2} \cdot (\frac{3}{2} + \frac{2}{\frac{3}{2}}) = \frac{1}{2} \cdot (\frac{3}{2} + \frac{4}{3}) = \frac{17}{12} = 1,41\dot{6}$

$l_3 = \frac{1}{2} \cdot (\frac{17}{12} + \frac{2}{\frac{17}{12}}) = \frac{577}{408} = 1,4142\ldots$

b) $2 < \sqrt{7} < 3$

$l_0 = 2$

$l_1 = \frac{1}{2} \cdot (2 + \frac{7}{2}) = \frac{11}{4} = 2,75$

$l_2 = \frac{233}{88} = 2,64772\ldots$

$l_3 = \frac{108497}{41008} = 2,645751311\ldots$

239 Iterationsdiagramm für das Näherungsverfahren für $\sqrt{n}$

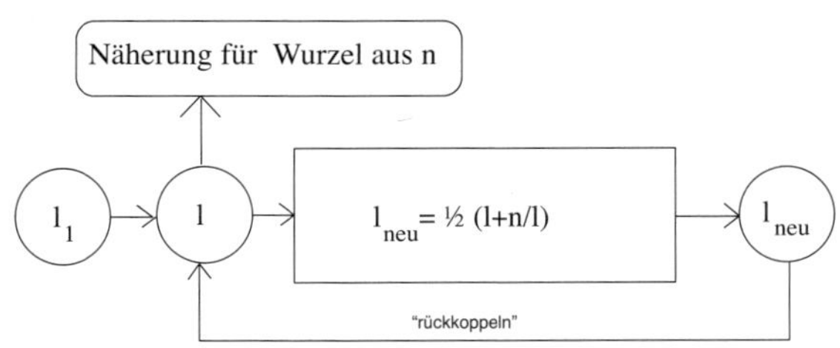

240 a) $2m \mid a \Leftrightarrow a = q \cdot 2m \Leftrightarrow a = 2q \cdot m \Leftrightarrow m \mid a$
b) $m \mid a \wedge n \mid a \Leftrightarrow a = p \cdot m \wedge a = q \cdot n \Rightarrow p = r \cdot n$, da m und n teilerfremd.
$\Rightarrow a = r \cdot n \cdot m \Leftrightarrow m \cdot n \mid a$
c) $100 \mid a \Leftrightarrow a = q \cdot 100 = q \cdot 25 \cdot 4 \Leftrightarrow 4 \mid a$

241 a) falsch, **b)** richtig, **c)** falsch, **d)** falsch

242 **a)** $\sqrt{6} = \sqrt{2} \cdot \sqrt{3}$ Es ist damit zu zeigen, dass $\sqrt{2}$ und $\sqrt{3}$ irrational sind (siehe Seite 24, Beispiel 139).
b) $\sqrt{8} = \sqrt{2} \cdot 2$ Es ist damit zu zeigen, dass $\sqrt{2}$ irrational ist (siehe Seite 24, Beispiel 139).

243 **a)** Es gilt: $AB = AS \cdot \frac{1+\sqrt{5}}{2}$,
$SB = AB - AS = AS \cdot (\frac{1+\sqrt{5}}{2} - \frac{2}{2}) = AS \cdot \frac{\sqrt{5}-1}{2}$
Damit ergibt sich:

$$\begin{aligned} AB : AS &= AS : SB \\ (AS \cdot \tfrac{1+\sqrt{5}}{2}) : AS &= AS : (AS \cdot \tfrac{\sqrt{5}-1}{2}) \\ 1 &= \underbrace{\frac{1+\sqrt{5}}{2} \cdot \frac{\sqrt{5}-1}{2}}_{\frac{5-1}{4}} \quad \square \end{aligned}$$

b) Zu zeigen: $x : y = y : (x - y)$
Es gilt: $y + \frac{x}{2} = \sqrt{x^2 + \frac{x^2}{4}} = \sqrt{\frac{5x^2}{4}} = \frac{x}{2} \cdot \sqrt{5}$ und $y = x \cdot \frac{\sqrt{5}-1}{2}$
Damit ergibt sich:

$$\begin{aligned} x : x\tfrac{\sqrt{5}-1}{2} &= x \cdot \tfrac{\sqrt{5}-1}{2} : (x - x \cdot \tfrac{\sqrt{5}-1}{2}) \\ 1 : \tfrac{\sqrt{5}-1}{2} &= \tfrac{\sqrt{5}-1}{2} : (\tfrac{2}{2} - \tfrac{\sqrt{5}-1}{2}) \\ \tfrac{(\sqrt{5}-1)^2}{4} &= \tfrac{3-\sqrt{5}}{2} \\ \tfrac{5-2\cdot\sqrt{5}+1}{4} &= \tfrac{3-\sqrt{5}}{2} \\ \tfrac{3-\sqrt{5}}{2} &= \tfrac{3-\sqrt{5}}{2} \quad \square \end{aligned}$$

244 -

245 -

246 **a)** $\frac{7}{3}$

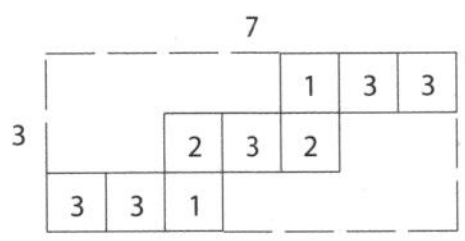

$\frac{12}{5}$

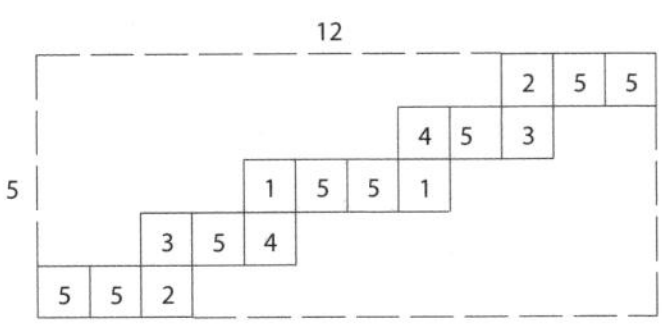

$\frac{17}{7}$

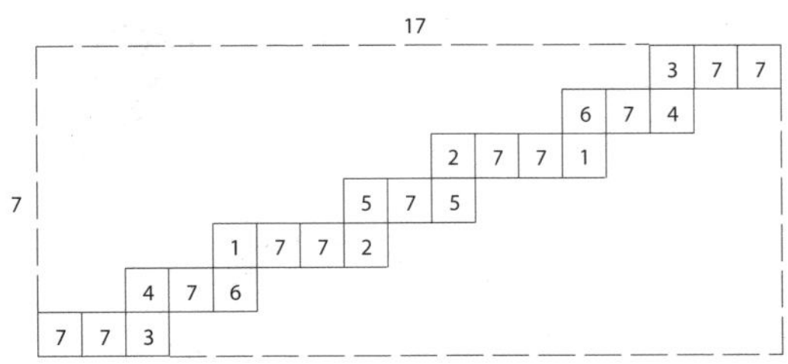

b) $\frac{n}{1}$

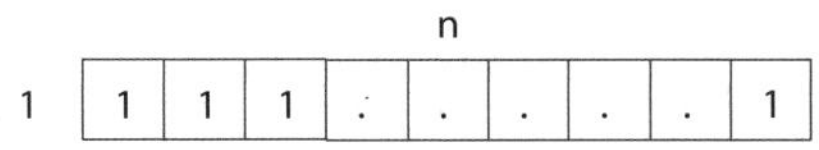

c) $\frac{8}{3}$, $\frac{32}{12}$

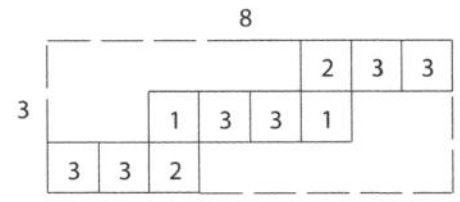

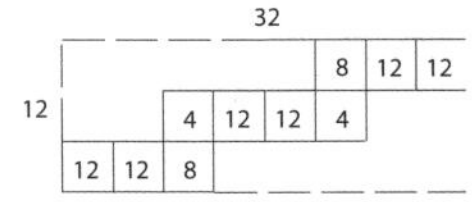

d) siehe **c)**
e) $\frac{3}{8}$

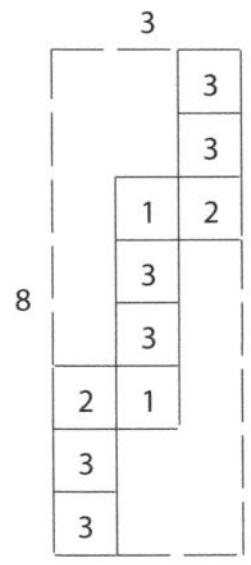

247 **a)** z.B. 3-stellige Zahl: $z \bmod 10 = (\text{H}\cdot 100 + \text{Z}\cdot 10 + \text{E}) \bmod 10 = 0+0+\text{E}$
b) $z \bmod 100$; $z \bmod 1\,000$; $z \bmod 10\,000$

248 **1.** $n-1, n+1$ **2.** $3 \cdot n$ **3.** $2n, 2n-1$
4. $\mathbb{N}$

249 **1.** $p_1, p_2, p_3, ..., p_n$ **2.** $\mathbb{P}$
3. $\forall p \in \mathbb{P} : 1|p \wedge p|p$
4. $\forall p \in \mathbb{P} : \exists p_1$ mit $p_1 > p$ **5.** $a|b \wedge b|c \Rightarrow a|c$

250 **1.** $z > 0, z < 0$ **2.** $z \geq 0$
3. $|z|$ **4.** $z > 0$

251 **1.** $\mathbb{Q}$ **2.** $\mathbb{Q}^+$, $\mathbb{Q}^-$ **3.** $\frac{1}{r}$, r^{-1} **4.** $a : b$, $\frac{a}{b}$

252 **1.** $\mathbb{R} = \mathbb{Q} \cup \mathbb{I}$ **2.** $\mathbb{I} = \mathbb{R} \backslash \mathbb{Q}$
3. $\sqrt{x} \geq 0$ **4.** $\mathbb{R}^-, \mathbb{R}^+$

253 **1.** $\mathbb{P} \subset \mathbb{N}$ **2.** $a \Rightarrow b$ 3. $a \Leftrightarrow b$

254 **1.** wahr **2.** falsch **3.** wahr **4.** falsch

255 **1.** wahr **2.** falsch **3.** wahr **4.** falsch

256 **1.** wahr **2.** wahr **3.** wahr **4.** wahr

257 **1.** wahr **2.** falsch **3.** wahr **4.** wahr

258 **1.** wahr **2.** wahr **3.** wahr

259 **1.** falsch **2.** wahr **3.** wahr **4.** wahr

260 **1.** falsch **2.** wahr **3.** wahr

2 Terme

261 Im Buch ausgeführt.

262 Im Buch ausgeführt.

263 Im Buch ausgeführt.

264 **a)**neupreis = altpreis · 0, 7
b) premierenpreis = preis · 1, 25
c) $v_{Wasser} = v_{Vakuum} \cdot 0,75$
d) dez = jun · 0, 65
e) neupreis = altpreis · 1, 029

265 **a)** sch = lehr · 6
b) w = m · 2
c) lehr : sonst = 34 : 3

266 **a)** prov = 0, 15 · abopreis
b) prov = 0, 15n · abopreis

267 **a)** mwst = bruttopreis : 11
b) nettopreis = bruttopreis : 1, 1

268 **a)** mwst = bruttopreis : 6
b) nettopreis = bruttopreis : 1, 2

269 **a)** $\text{Lohn}_{neu} = 1,035 \cdot \text{Lohn}_{alt}$
b) $\text{Lohn}_{neu} = 1,035 \cdot \text{Lohn}_{alt} + 8$

270 $E + F = K + 2$

271 **a)** Umfang des Rechtecks
b) Flächeninhalt des Rechtecks
c) halber Flächeninhalt des Rechtecks

272 **a)** Flächeninhalt des Dreiecks
b) Umfang des Dreiecks
c) Flächeninhalt des Dreiecks
d) Länge der Hypotenuse

273 **a)** Länge der Hypotenuse
b) Flächeninhalt des Dreiecks

274 **a)** Kosten der Konzertkarten für die Schülerinnen und Schüler **b)** Kosten aller Konzertkarten
c) Auf jede Lehrperson kommen 12 Schüler.
d) Die Lehrer zahlen um 35 % mehr als die Schüler.
e) das arithmetische Mittel der Kartenpreise

275 **a)** Betrag, den alle Radfahrer zusammen entrichten
b) Betrag, den alle Segler und alle Tennisspieler entrichten
c) Anzahl der Teilnehmer der Sportwoche

276 Im Buch ausgeführt.

277 Im Buch ausgeführt.

278 Im Buch ausgeführt.

279 **a)** $A + B$ **b)** $A - B$ **c)** $A - B$
d) $A - B$ **e)** $A + B$ **f)** A

280 **a)** $\frac{A}{B}$ **b)** $A - B$, genauer $A - \frac{C}{D}$ **c)** $\frac{A}{B}$
d) $A - B$ **e)** $A + B$ **f)** $A \cdot B$ **g)** $A - B$
h) $A \cdot B$

281 **a)** $A + B$ **b)** $\frac{A}{B}$ **c)** $\frac{A}{B}$ **d)** $\frac{A}{B} + C$
e) $A + B$ **f)** $A \cdot B$ **g)** $A + B$ **h)** $\frac{A}{B}$

282 **a)** $A \cdot B$ **b)** $A + B$ **c)** $A \cdot B$ **d)** $A \cdot B$

283 -

284 -

285 -

286 -

287 **a)** $2x^2 - x$ $\mathbb{D}_T = \mathbb{R}$; 0; 1 ; 3; 0
b) $\frac{x}{x+3}$ $\mathbb{D}_T = \mathbb{R}\setminus\{-3\}$; 0; 0,25; -0,5; $\frac{1}{7}$
c) $\frac{2x}{x^2+1}$ $\mathbb{D}_T = \mathbb{R}$; 0; 1; -1; $\frac{4}{5}$
d) $x^2 + 5x - 3$ $\mathbb{D}_T = \mathbb{R}$; -3; 3; -7; -0,25
e) $\frac{x-1}{x+2}$ $\mathbb{D}_T = \mathbb{R}\setminus\{-2\}$; -0,5; 0; -2; -0,2
f) $\frac{2x-3}{4x-1}$ $\mathbb{D}_T = \mathbb{R}\setminus\{\frac{1}{4}\}$; 3; $-\frac{1}{3}$; 1; -2

288 **a)** $\mathbb{D}_T = \mathbb{R}\setminus\{0\}$ **b)** ca. 10,3 m/s oder 37 km/h

289 Hinweis: Die Reihenfolge lautet: Term, Koeffizienten, Exponenten, Grad, Art des Terms
$\frac{3x-4}{5}$ $\frac{3}{5}$; $-\frac{4}{5}$ 1; 1 1 Binom

a) $7a^3 - 5b^2$ 7; -5 3; 2 3 Binom

b) $5x^2 - 8x + 3$ 5; -8; 3 2; 1 2 Polynom

c) $5x^7$ 5 7 7 Monom

d) $a^2 - b^2$ 1; -1 2; 2 2 Binom

e) $x^6 + 2x^4 - 2x^2 + 1$ 1; 2; -2; 1 6; 4; 2 6 Polynom

f) $r^3 + 1$ 1 3 3 Binom

290 -

291 $\frac{220}{n+2}$ $\mathbb{D}_T = \mathbb{N}$

292 $\frac{5n-S}{n}$ $\mathbb{D}_T = \mathbb{N}^*$

293 $\frac{P}{n-2}$ $\mathbb{D}_T = \mathbb{N} \setminus \{1; 2\}$

294 Im Buch ausgeführt.

295 Im Buch ausgeführt.

296 Im Buch ausgeführt.

297 Im Buch ausgeführt.

298 Im Buch ausgeführt.

299 a) $-15x$ b) $24x$ c) $10ab$ d) $30b^2$

300 a) $4a^2$ b) $4a^2 - 2a$ c) $4a^2 + 2a$ d) $-8a^2$

301 a) $x^2 \geq 0 \land y^2 \geq 0 \; \forall x, y \in \mathbb{R} \Rightarrow \frac{1}{x^2+y^2} > 0$; (falls $x = y = 0$, ist der Term nicht definiert)
b) $(a-b)(a+b) + b^2 = a^2 - b^2 + b^2 = a^2 \geq 0$

302 $\frac{1}{a} - \frac{1}{a+1} = \frac{a+1}{a(a+1)} - \frac{a}{a(a+1)} = \frac{1}{a(a+1)}$
für $a \in R^+$ immer positiv;
aber: $a = -0,5$: $\frac{1}{(-0,5)(0,5)} = -4$

303 $\frac{1}{a} - \frac{1}{a+1} < 0$ gilt für $-1 < a < 0$

304 a) $2x + 5$ b) $-x + 2$ c) $x + 1$ d) 0

305 $(2a + 1)(a - 3)$

306 $(3a - 5)(6a - 2)$

307 Distributivgesetz; Vorzeichen- und Vorrangregeln

308 a) $3a^2 + 13a - 10$ b) $3a^2 - 5a - 12$
c) $a^2 + a - 2$ d) $6a^2 - 13a - 5$
e) $18a^2 - 3a - 28$ f) $20a^2 + 7a - 40$

309 a) $6x^2 - x - 35$ b) $-10x^2 - 34x - 12$
c) $8x^2 + 40x + 48$ d) $15x^2 - 11x + 2$
e) $24x^2 - 56x + 16$ f) $15x^2 - 34x + 15$

310 a) $5x^2 + 18x + 4$ b) $10x^2 - 5x - 15$
c) $6x^2 - 42x - 44$ d) $-8x - 6$

311 a) $9x^2 - 16$ b) $25x^2 - 36$
c) $-3x^2 + 23x - 14$ d) $9 - 16x^2$

312 a) $9x^2 + 24x + 16$ b) $4x^2 - 28x + 49$
c) $36x^2 - 12x + 1$ d) $64x^2 + 64x + 16$

313 a) $2x + 5$ b) $-12x + 12$ c) $-50x + 5$

314 Das kleine, rote Quadrat hat den Flächeninhalt $A_1 = a^2$, das grüne Quadrat hat den Flächeninhalt $A_2 = b^2$, die beiden blauen Rechtecke haben einen Flächeninhalt von jeweils $A_3 = a \cdot b$. Der Flächeninhalt des großen Quadrats beträgt $A_4 = (a + b)^2$. Nun gilt $A_4 = A_1 + A_2 + 2A_3$ und damit $(a + b)^2 = a^2 + 2ab + b^2$.

315 a) $x(x - 4)$ b) $x(6x + 5)$
c) $(5x + 2)(5x - 2)$ d) $9x(4x + 1)$

316 a) $4a^2(a + 1)$ b) $(a + 9)(a - 9)$
c) $5a(2a^2 - 1)$ d) $2a^2(5a + 1)(5a - 1)$
e) $3a(2a + 3)(2a - 3)$ f) $a(5a + 1)(5a - 1)$
g) $a^2(4 + a)(4 - a)$ h) $a^2(7 + 4a)(7 - 4a)$

317 -

318 Im Buch ausgeführt.

319 Im Buch ausgeführt.

320 Im Buch ausgeführt.

321 Im Buch ausgeführt.

322 Im Buch ausgeführt.

323 Im Buch ausgeführt.

324 **a)** $\mathbb{D} = \mathbb{R}\backslash\{-2; \frac{4}{3}\}$ $\frac{-30}{(a+2)(3a-4)}$
b) $\mathbb{D} = \mathbb{R}\backslash\{-\frac{1}{2}; \frac{2}{5}\}$ $\frac{-9}{(2a+1)(5a-2)}$

325 **a)** $\mathbb{D} = \mathbb{R}\backslash\{-1; 0\}$ $\frac{x-1}{x}$
b) $\mathbb{D} = \mathbb{R}\backslash\{1; 0\}$ $\frac{x+1}{x}$
c) $\mathbb{D} = \mathbb{R}\backslash\{-1; 1\}$ $\frac{x^2+6x-3}{x^2-1}$

326 **a)** $\mathbb{D} = \mathbb{R}\backslash\{3; 0\}$; $\frac{1}{3x}$
b) $\mathbb{D} = \mathbb{R}\backslash\{2; 0\}$; $\frac{1}{2x}$
c) $\mathbb{D} = \mathbb{R}\backslash\{1\}$; $-\frac{1}{3}$

327 **a)** $\mathbb{D} = \mathbb{R}\backslash\{-1; 0\}$; $-\frac{a}{2(a+1)}$
b) $\mathbb{D} = \mathbb{R}\backslash\{-1; 1; 0\}$; $\frac{1}{a(a-1)}$
c) $x \neq 0; y \neq 0; x \neq \pm 3y$; $\frac{1}{x+3y}$
d) $\mathbb{D} = \mathbb{R}\backslash\{0; 1\}$; $a(a+1)$

328 **a)** $x \neq \pm y,\ y \neq 0,\ y \neq 2$; $\frac{(x-y)^2}{y-2}$
b) $\mathbb{D} = \mathbb{R}\backslash\{\pm\frac{1}{3}; 0\}$; $\frac{2}{x(1-3x)}$
c) $x \neq -2y$; $\frac{x-2y}{6}$
d) $y \neq -2x$; $\frac{2x-y}{2}$

329 **a)** $\frac{2x+y}{5}$ **b)** $\frac{3x+y}{3}$

330 **a)** $x^2 - 0,8x + 2$ **b)** $3x^2 + 1,25x - 1$
c) $x + 6$ **d)** $x + 8$

331 **a)** $a - 1$ **b)** $a + 2$ **c)** $4x^2 - 3$
d) $3x^2 - 4$

332 **a)** $5x^2 - 5x + 1 + \frac{5}{3x-2}$
b) $2x^2 + 3x - 2 + \frac{4}{4x-1}$
c) $6x^2 - x + 2 + \frac{5}{2x-1}$
d) $6x^2 + 5x + 2 + \frac{3}{3x-2}$

333 -

334 **a)** x = Anzahl der Prüfungskandidaten; Anzahl der Durchgefallenen $= 0,18x$
b) x = altes Gehalt; neues Gehalt $= 1,023x$
c) x = alte Anzahl der Geburten; neue Anzahl der Geburten $= 0,982x$

335 **a)** x = alter Preis; Preis zuletzt $= 0,765x$
b) x = alter Preis; Preis zuletzt $= 1,0578x$

336 **a)**Preis für die Pellets, die geliefert wurden.
b) Preis für die Pellets plus Lieferpauschale.
c) 3000 Euro weniger Preis für die Pellets inkl. Lieferpauschale.
d) Die Lieferpauschale beläuft sich auf 28 Euro.
e) Preis für die Pellets, wenn ein Kilo 65 Cent kostet plus Lieferpauschale.
f) Preis für die Pellets plus Lieferpauschale weniger 30 Euro.

337 **a)** Anzahl der Erwachsenen und Jugendlichen, die kommen.
b) Eintritt, den alle Erwachsenen bezahlt haben.
c) Eintritt, den alle Jugendlichen bezahlt haben.
d) Eintritt, den alle Erwachsenen und Jugendlichen zusammen bezahlt haben.
e) Es kommen 72 Erwachsene.
f) Die Einnahmen durch die Eintrittskarten der Jugendlichen weniger 20 Euro.

338 **a)** $4 \cdot a + 2 \cdot b$ **b)** $(10 \cdot a) \cdot 0,97$
c) $g - (1,5 \cdot b + 2 \cdot z)$ **d)** $b > a$

339 **a)** $5 \cdot h + b$ **b)** $35 \cdot h + 7 \cdot b$
c) $1000 - (20 \cdot h + 4 \cdot b)$ **d)** $(25 \cdot h) \cdot 0,9 + 5 \cdot b$

340 x = Anzahl der Wahlberechtigten:
a) $0,785x$ **b)** $0,77087x$
c) $77,087\%$ der Wahlberechtigten

341 **a)** $A \cdot B$; 144 **b)** $A + B$; 46 **c)** $A + B$; 54
d) $A + B$; 72 **e)** $A \cdot B$; 165 **f)** $A + B$; 234

342 **a)** $\frac{A-B}{C}$ **b)** $\frac{A \cdot B}{B}$ **c)** $\frac{A \cdot B}{C}$ **d)** $\frac{A-B}{B}$

343 $\frac{1}{R} = \frac{1}{R_1} + \frac{1}{R_2}$

344

	a) $3a - 2$	**b)** $3a^2 - 2$	**c)** $3a^2 - 2a$
$\mathbb{D}_T$	$\mathbb{R}$	$\mathbb{R}$	$\mathbb{R}$
T(0)	-2	-2	0
T(1)	1	1	1
T(2)	4	10	8
T(3)	7	25	21

345

	T	K	Exp.	Grad	Art
a)	$3x+1$	3; 1	1	1	Binom
b)	$3x^2+1$	3; 1	2	2	Binom
c)	$\frac{1}{3}x^2+x$	$\frac{1}{3}$; 1	2; 1	2	Binom
d)	x^3	1	3	3	Monom

346 a) $\mathbb{D}=\mathbb{R}\backslash\{1\}$ $T(0)=0$; $T(-1)=-2,5$; $T(3)=10,5$
b) $\mathbb{D}=\mathbb{R}\backslash\{-2\}$ $T(0)=-0,5$; $T(-1)=-1$; $T(3)=9,4$
c) $\mathbb{D}=\mathbb{R}\backslash\{\pm 2\}$ $T(0)=-\frac{1}{4}$; $T(-1)=-\frac{4}{3}$; $T(3)=3,2$
d) $\mathbb{D}=\mathbb{R}\backslash\{2\}$ $T(0)=0$; $T(-1)=2,\dot{1}$; $T(3)=15$

347 a) $\mathbb{D}_T=\mathbb{R}\diagdown\{0\}$ b) ca. 1,94 m/s oder 7 km/h

348 a) $16a-14b$ b) a c) $8a^2+a$
d) $4a^2-3a$

349 a) $6c+d$ b) $3c$ c) d^2 d) $-7cd$

350 a) $4e^2-15e$ b) $17e^2-5e$

351 a) $10a^2-34a-24$ b) $6b^2+7b-20$
c) $12a^2-31a+20$ d) $6b^2-31b+35$

352 a) $-10x^2+24x+7$ b) $-8x^2-4x+3$
c) x^2+x+3 d) $4x^2+6x+2$

353 a) $8a^2-20ab+b^2$ b) $2a^2-50ab+2b^2$
c) $x^2+10xy-18y^2$ d) $22y^2-20xy$

354 -

355 -

356 -

357 a) $2xy-3y^2$ b) $9xy-6y^2$

358 a) $\frac{2a+3b}{2}$ b) $\frac{3a+2b}{2}$

359 a) $-\frac{2}{3x(x+1)(x-1)}$ b) $\frac{-x-2}{x(x+1)(x-1)}$

360 a) $\frac{4(x^2+1)}{(x+1)(x-1)}$ b) $\frac{2(x^2+y^2)}{x^2y}$

361 a) $7a^3-4a^2+a-2+\frac{1}{a}$
b) $5a^2-4a+\frac{6}{a}$
c) $a^4-a^2+2-\frac{1}{a^2}$

362 a) 233 b) 21 c) -7 d) $6,\dot{3}$

363 a) $\frac{a+b}{2}$ b) $\frac{a+b+c}{3}$

364 a) 12,96 b) 4,90 c) 3,11 d) 115,98

365 a) $\sqrt{ab}$ b) $\sqrt[3]{abc}$

366 a) 2,4 b)-$6,\dot{6}$ c) $20,\overline{48780}$ d) 100,50

367 $\frac{2ab}{a+b}$

368 mittl. Geschw. = 96 km/h

369 a) $4,\overline{864}$ b) $\frac{3abc}{ab+ac+bc}$
c) $\frac{4}{\frac{1}{a}+\frac{1}{b}+\frac{1}{c}+\frac{1}{d}}$, $\frac{5}{\frac{1}{a}+\frac{1}{b}+\frac{1}{c}+\frac{1}{d}+\frac{1}{e}}$, usw.

370 -

371 Zu zeigen: $\frac{a}{b}<\frac{a+c}{b+d}$ und $\frac{a+c}{b+d}<\frac{c}{d}$
Wir zeigen nur die linke Ungleichung, die rechte ist völlig analog. $\frac{a}{b}<\frac{a+c}{b+d} \mid \cdot b\cdot(b+d)$
$a\cdot(b+d)<(a+c)\cdot b$
$a\cdot b+a\cdot d<a\cdot b+c\cdot b\mid -a\cdot b$
$a\cdot d<c\cdot b\mid :(b\cdot d)$
$\frac{a}{b}<\frac{c}{d}$
Diese letzte Ungleichung ist aber gerade die Voraussetzung. Da alle Ungleichungen gleichwertig (äquivalent) sind, muss also die erste Ungleichung richtig sein, da auch die letzte Ungleichung richtig ist. □

372 a) -

b) $F_1=(\frac{0}{1},\frac{1}{1})$ $F_2=(\frac{0}{1},\frac{1}{2},\frac{1}{1})$

$F_3=(\frac{0}{1},\frac{1}{3},\frac{1}{2},\frac{2}{3},\frac{1}{1})$ $F_4=(\frac{0}{1},\frac{1}{4},\frac{1}{3},\frac{1}{2},\frac{2}{3},\frac{3}{4},\frac{1}{1})$

c) $F_6=(\frac{0}{1},\frac{1}{6},\frac{1}{5},\frac{1}{4},\frac{1}{3},\frac{2}{5},\frac{1}{2},\frac{3}{5},\frac{2}{3},\frac{3}{4},\frac{4}{5},\frac{5}{6},\frac{1}{1})$

d) -

373 6 - 5 - 4 - 1 - 2 - 3

374 1. kein Term 2. Term 3. Term 4. kein Term

375 um 3% erhöht: $y = 1,03x$ oder
$y = x + 0,03x$
Fettgehalt beträgt 3%: $y = 0,03x$
es kommen 3% dazu: $y = 1,03x$ oder
$y = x + 0,03x$
um 3% gesenkt: $y = 0,97x$

376 1. kein Binom 2. Binom 3. Binom
4. Binom

377 1. falsch 2. wahr 3. wahr 4. falsch

378 1. wahr 2. falsch 3. wahr 4. falsch

379 Richtig ist: $2b + 6a + 500$

380 Richtig ist: $K = P + H$

381 Richtig ist: um 28% gesenkt

382 Die Anzahl der Studierenden ist: $0,54 \cdot x$ bzw. $0,6 \cdot 0,9 \cdot x$ bzw. $0,9 \cdot 0,6 \cdot x$

383 Richtig ist: A+B

384 Richtig ist: $39x - 54$ bzw. $3(13x - 18)$

385 Richtig ist: $-6b(5a - 3b)$ bzw. $18b^2 - 30ab$

386 Richtig ist: $\frac{2x}{x^2-16}$ bzw. $\frac{2x}{(x+4)(x-4)}$

387 Richtig ist: $-x^2 + 0,6x - 1,4$ bzw.
$-x^2 + \frac{3}{5}x - \frac{7}{5}$ bzw. $\frac{-5x^2+3x-7}{5}$

388 Richtig ist: $-5x^2 - 4x + 2$

389 $\mathbb{D}_T = \mathbb{R} \setminus \{0; 3\}$

390 Die erste und die letzte Aussage stimmen.

Thema: Pascal'sches Dreieck

T1 $(x + 1)^7 =$
$x^7 + 7x^6 + 21x^5 + 35x^4 + 35x^3 + 21x^2 + 7x + 1$
$(x + 1)^8 =$
$x^8 + 8x^7 + 28x^6 + 56x^5 + 70x^4 + 56x^3 + 28x^2 + 8x + 1$

T2 -

T3 Formel: $1 + n + \ldots + n + 1 = 2^n$

T4 Die Zahlen sind symmetrisch.

T5 Jede Zahl ergibt sich als Summe von zwei Zahlen in der oberen Zeile.

T6 $(x + 1)^9 = x^9 + 9x^8 + 36x^7 + 84x^6 + 126x^5 + 126x^4 + 84x^3 + 36x^2 + 9x + 1$
$(x + 1)^{10} = x^{10} + 10x^9 + 45x^8 + 120x^7 + 210x^6 + 252x^5 + 210x^4 + 120x^3 + 45x^2 + 10x + 1$

T7 Verwendet das Pascal'sche Dreieck für die Potenzen $(a + b)^2, (a + b)^3, \ldots$
Setzt anschließend $b = -2$ bzw. $b = -y$.

T8 **a)** In jeder Zeile steht ganz rechts eine 1.
b) Die vorletzte Zahl in einer Zeile ist n.
c) Die Zahlen in einer Zeile sind symmetrisch.
d) Jede Zahl ergibt sich als Summe von zwei Zahlen in der oberen Zeile.

T9 Im Buch ausgeführt.

T10 Es entstehen ein großes und mehrere kleine schwarze, auf der Spitze stehende Dreiecke.

T11 Es entstehen auf der Spitze stehende Dreiecke unterschiedlicher Größe.

T12 -

3 Gleichungen

391 **a)** ja; wahre Gl. **b)** ja; falsche Gl. **c)** nein (ungültiger Rechenausdruck) **d)** nein (Gl.-kette)

392 **a)** ja; falsche Gl. **b)** ja; falsche Gl. **c)** nein (ungültiger Rechenausdruck) **d)** ja; wahre Gl.

393 **a)** nein **b)** ja; wahre Gl. **c)** nein **d)** ja, wenn du a, e, s, u als Variable interpretierst

394 **a)** $x = 4$ **b)** für alle y **c)** für kein x **d)** $x = 0$

395 **a)** $x = 8$ **b)** $y = 3$ **c)** $z = 3$ **d)** $x = 0$

396 **a)** $x = 1$ **b)** für alle x **c)** $z = 0$ **d)** für kein x

397 Mögliche Antworten:
a) Pythagoräischer Lehrsatz gilt für rechtwinklige Dreiecke mit Katheten a, b und Hypotenuse c.
b) Binomische Formel; gilt für beliebige a, b.
c) Zusammenhang zwischen Dichte ϱ, Masse m und Volumen V.
d) Umfang u eines Rechtecks mit Seiten ℓ und b.
e) Flächeninhalt eines Kreises mit Radius r.
f) Volumen einer Kugel mit Radius r.
g) Zusammenhang zwischen Geschwindigkeit v, Weg s und Zeit t.
h) Binomische Formel; gilt für beliebige a, b.

398 **a)** nein **b)** ja **c)** nein **d)** nein **e)** ja

399 **a)** Die Multiplikation 10 c · 10 c ergibt 100 c^2, nicht 100 c. Ebenso: 0,1 € · 0,1 € = 0,01 €^{2}, nicht 0,01 €; **b)** 10 cm · 10 cm = 100 cm^2, nicht 100 cm; 0,1 m · 0,1 m = 0,01 m^2, nicht 0,01 m; **c)** 10 min · 6 min = 60 min^2, nicht 60 min; $\frac{1}{6}h \cdot \frac{1}{10}h = \frac{1}{60}h^2$, nicht $\frac{1}{60}h$.

400 -

401 Im Buch ausgeführt.

402 **a)** $x + 1 = 4$; $4 = x + 1$; $x = 3$
b) $x = 1$; $17x = 17$; $x - 1 = 0$; $3x = 4x - 1$
c) $7x - 17 = 0$; $7x = 17$; $8x = 17 + x$
d) $x = y$; $2x = 2y$; $x - y = 0$

403 **a)** $2x + 3 = 4$; $22x + 33 = 44$
b) $x = 42$; $-x = -42$; $\frac{x}{2} = 21$
c) $x + 2 = x - 2$; $2x + 2 = 2x - 2$; $2x = 2x - 4$
d) $x = 2x$; $x = 0$; $5x = 10x$

404 **a)** $2 + 3x = 1$ **b)** $3x + 2 = 12 - 2x$ **c)** $4x + 6 = 15$

405 **a)** $7x = 8$ **b)** $2 = 3x$ **c)** $3x = -84$ **d)** $3x = 9$

406 **a)** $x = \frac{1}{2}$ **b)** $x = 7$ **c)** $y = 5x$ **d)** $x - 6y + 6z = 0$

407 keine Äquivalenzumformung wenn: $x = 0$

408 **a)** $| : 20$; $x = 2$
b) $| - 6$; $| : 3$; $x = y$
c) $| - y$; $| : 17$; $x = 2$
d) $| - 4$; $| + 4x$; $| : 8$; $x = \frac{1}{2}$

409 **a)** $| - x^2$; $| - x$; $x = -5$
b) $| - 7y$; $17 = 1$(falsche Gleichung)
c) $| \cdot 3$; $| - 3x$; $| : 3$; $y = \frac{1}{3}$
d) $| \cdot 2$; $| - 2b$; $| - 17$; $a = -8$

410 **a)** $| + 15$; $| : 5$; **b)** $| - 28$; $| : 3$; **c)** $| : 8$; $| - 2$; **d)** $| \cdot 5$; $| - 3x + 14$;

411 **a)** $| - 3x^2$; $| - 8x$; $| : (-3)$
b) $| : 9$; $| - x^2$; $| - 2$;

412 **a)** $2 + 3x = 1$ **b)** $\frac{7}{3} = \frac{1}{x}$ **c)** $x = \frac{1}{4}$ **d)** $3x = 16$

413 Hinweis: Multiplikation mit oder Division durch null ist keine Äquivalenzumformung.

414 -

415 Im Buch ausgeführt.

416 Im Buch ausgeführt.

417 **a)** $ax = b$ mit $a = 3, b = 4$
b) keine lineare Gleichung
c) $ax + by = c$ mit $a = \frac{1}{2}, b = -\frac{3}{4}, c = \frac{1}{6}$
d) $ax = b$ mit $a = -1, b = 0$
e) $ax + by + cz = d$ mit $a = 12, b = -4, c = -9, d = 24$

418 **a)** $ax = b$ mit $a = -7, b = -9$
b) $ax + by = c$ mit $a = -2, b = -3, c = 11$
c) keine lineare Gleichung
d) keine lineare Gleichung

419 **a)** ja; ja; nein; ja **b)** ja; nein; ja; ja
c) ja; ja; ja; nein **d)** ja; ja; nein; ja

420 **a)** $L = \{(0|3), (2|2), (4|1), (6|0)\}$
b) $L = \{(0|2), (1|1), (2|0)\}$
c) $L = \{(1|2), (6|1), (11|0)\}$
d) $L = \{(1|6), (5|3), (9|0)\}$

421 **a)** $x = 3$ **b)** $x = 5$ **c)** $x = -2$
d) $x = \frac{3}{2}$ **e)** $x = 6$ **f)** $x = -7,5$ **g)** $x = 2$
h) $x = 15$

422 **a)** $x = -3$ **b)** $x = 5$ **c)** $x = 7$
d) $x = -2$ **e)** $x = -36$ **f)** $x = -18$

423 **a)** $x = 3$ **b)** $x = 1$ **c)** $x = 4,5$
d) $x = 2,25$

424 **a)** $x = 8$ **b)** $x = 5$ **c)** $x = 9$ **d)** $x = 9$

425 **a)** $x = 7$ **b)** $x = -4$ **c)** $x = -5$
d)$x = \frac{1}{3}$

426 **a)** $x = \frac{2}{5}$ **b)** $x = \frac{2}{5}$ **c)** $x = -1$
d) $x = -2$

427 **a)** $x = -2$ **b)** $x = 3$ **c)** $x = \frac{3}{2}$
d) $x = -\frac{4}{3}$ **e)** $x = -1$ **f)** $x = \frac{3}{5}$

428 **a)** $x = -2$ **b)** $x = -18$ **c)** $x = 3$
d) $x = -\frac{4}{5}$

429 **a)** $L = \mathbb{G}$ **b)** $L = \{\}$ **c)** $L = \mathbb{G}$
d) $L = \mathbb{G}$

430 Im Buch ausgeführt.

431 Im Buch ausgeführt.

432 **a)** $x^2 - x - 6 = 0$ **b)** $x^2 - 2x - 8 = 0$

c) $x^2 - 2x + 24 = 0$ **d)** $x^2 - \frac{1}{2}x - 2 = 0$

e) $x^2 - \frac{3}{2}x - \frac{5}{2} = 0$ **f)** $x^2 - \frac{4}{3}x + \frac{2}{3} = 0$

433 **a)** $x^2 - 4x - 3 = 0$ **b)** $x^2 - 4x - 6 = 0$

c) $x^2 - \frac{2}{3}x - \frac{5}{3} = 0$ **d)** $x^2 + x - 20 = 0$

e) $x^2 + \frac{5x}{2} - \frac{3}{2} = 0$ **f)** $x^2 - \frac{7x}{6} - \frac{1}{2} = 0$

434 **a)** $x_{1,2} = \pm 8$ **b)** $x_{1,2} = \pm 3$ **c)** $x_{1,2} = \pm\frac{7}{5}$

d) $x_{1,2} = \pm\frac{9}{4} = \pm 2{,}25$ **e)** $x_{1,2} = \pm\frac{3}{4}$

f) $x_{1,2} = \pm\frac{2}{5}$

435 **a)** $x_{1,2} = \pm 3\sqrt{2}$ **b)** $x_{1,2} = \pm 4\sqrt{3}$

c) $x_{1,2} = \pm\frac{7}{5}$ **d)** $x_{1,2} = \pm\frac{5\sqrt{2}}{3}$ **e)** $x_{1,2} = \pm 3\sqrt{5}$

f) $x_{1,2} = \pm 4\sqrt{2}$

436 **a)** $x_{1,2} = \pm 5$ **b)** $x_{1,2} = \pm 13$

c) $x_{1,2} = \pm\frac{5}{2}$ **d)** $x_{1,2} = \pm 17$ **e)** $x_{1,2} = \pm 2$

f) $x_{1,2} = \pm 5$

437 Überlege: in den Aufgaben 437-443 ist nur $\mathbb{R}^+$ als Grundmenge sinnvoll! **a)** 2 s **b)** 0,3 s
c) 4 s

438 **a)** $r = 2$ cm **b)** $r = 12$ mm **c)** $r = \sqrt{\frac{1}{\pi}}$ m
d) $r = 1$ cm

439 **a)** $\frac{16}{5}$ dm **b)** 3 dm **c)** 1,5 m

440 **a)** 6 m **b)** $\frac{2}{3}$ cm **c)** $\frac{5}{2}$ dm

441 13 cm

442 **a)** 5 cm **b)** 14 cm **c)** 1,5 cm

443 3 cm

444 -

445 Im Buch ausgeführt.

446 Im Buch ausgeführt.

447 Im Buch ausgeführt.

448 **a)** $x_1 = -3$, $x_2 = 7$ **b)** $x_1 = \frac{1}{2}$, $x_2 = -3$

c) $x_1 = \frac{5}{2}$, $x_2 = -\frac{4}{3}$

449 **a)** $x_{1,2} = -7$ **b)** $x_{1,2} = 9$ **c)** $x_{1,2} = 6$
d) $x_{1,2} = -8$ **e)** $x_{1,2} = \frac{2}{3}$ **f)** $x_{1,2} = \frac{5}{2}$

450 **a)** $x_{1,2} = -\frac{3}{2}$ **b)** $x_{1,2} = -4$ **c)** $x_{1,2} = \frac{2}{3}$
d) $x_{1,2} = -3$ **e)** $x_{1,2} = -8$ **f)** $x_{1,2} = 2$

451 **a)** $x_{1,2} = -\frac{3}{2}$ **b)** $x_{1,2} = -\frac{4}{5}$ **c)** $x_{1,2} = 4$
d) $x_{1,2} = -7$ **e)** $x_{1,2} = -11$ **f)** $x_{1,2} = 8$

452 **a)** $x_{1,2} = 7$ **b)** $x_{1,2} = 12$ **c)** $x_{1,2} = 12$
d) $x_{1,2} = -5$ **e)** $x_{1,2} = 3$ **f)** $x_{1,2} = 2$

453 -

454 -

455 **a)** $x_1 = 0$, $x_2 = 16$ **b)** $x_1 = 0$, $x_2 = \frac{8}{5}$
c) $x_1 = 0$, $x_2 = -\frac{3}{2}$ **d)** $x_1 = 0$, $x_2 = -2$

456 **a)** $x_1 = 0$, $x_2 = -\frac{1}{2}$ **b)** $x_1 = 0$, $x_2 = 2$
c) $x_1 = 0$, $x_2 = -\frac{1}{4}$ **d)** $x_1 = 0$, $x_2 = 17$

457 **a)** $x_1 = 0$, $x_2 = 4$ **b)** $x_1 = 0$, $x_2 = 2$
c) $x_1 = 0$, $x_2 = -2$ **d)** $x_1 = 0$, $x_2 = -1$

458 **a)** $x_1 = 0$, $x_2 = -\frac{21}{16}$ **b)** $x_1 = 0$, $x_2 = \frac{5}{8}$
c) $x_1 = 0$, $x_2 = -72$ **d)** $x_1 = 0$, $x_2 = -36$

459 **a)** $x_1 = 0$, $x_2 = -5$ **b)** $x_1 = 0$, $x_2 = \frac{7}{6}$
c) $x_1 = 0$, $x_2 = -\frac{1}{2}$ **d)** $x_1 = 0$, $x_2 = -\frac{1}{5}$

460 -

461 Im Buch ausgeführt.

462 Im Buch ausgeführt.

463 Im Buch ausgeführt.

464 **a)** $x_1 = 8$, $x_2 = 0$ **b)** $x_1 = 3$, $x_2 = -21$
c) $x_1 = 1$, $x_2 = -\frac{7}{3}$ **d)** $x_1 = \frac{13}{5}$, $x_2 = -\frac{1}{5}$

465 **a)** $x_1 = 5$, $x_2 = -3$ **b)** $x_1 = 3$, $x_2 = -9$
c) $x_1 = 1$, $x_2 = \frac{1}{3}$ **d)** $x_1 = 1$, $x_2 = -9$

466 **a)** $x = 2$ **b)** $x = -2$ **c)** $x_1 = 0$, $x_2 = 4$
d) $x_1 = \frac{5}{8}$, $x_2 = \frac{7}{2}$

467 **a)** $x_1 = \frac{3}{2}$, $x_2 = 4$ **b)** $x_1 = -\frac{5}{12}$, $x_2 = -\frac{1}{6}$
c) $x_1 = -4$, $x_2 = -\frac{8}{5}$ **d)** $x_1 = -\frac{5}{6}$, $x_2 = 5$

468 -

469 -

470 Die erste Gleichung der Kette, $x - 1 = \sqrt{(x-1)^2}$, gilt für alle $x \geq 1$. Die mittlere Gleichung gilt für alle x. Die letzte Gleichung gilt nur, wenn $x \leq 1$. Die drei Gleichungen haben also nicht die gleichen Lösungsmengen, sie sind daher nicht äquivalent.
Die Gleichungskette ist deswegen aber nicht automatisch falsch: Für den Wert $x = 1$ sind alle Gleichungen der Kette erfüllt.
Die Gleichungskette enthält keinen Fehler, sie gilt bloß nicht für beliebige Werte von x.

471 -

472 **a)** $x_1 = -5$, $x_2 = 1$ **b)** $x_1 = 1$, $x_2 = 3$
c) $x_1 = -5$, $x_2 = 3$ **d)** $x_1 = -2$, $x_2 = 4$

473 **a)** $x_1 = -3$, $x_2 = 5$ **b)** $x_1 = 7$, $x_2 = 8$
c) $x_1 = -6$, $x_2 = 8$ **d)** $x_1 = \frac{3}{2}$, $x_2 = \frac{5}{2}$

474 Im Buch ausgeführt.

475 Im Buch ausgeführt.

476 Im Buch ausgeführt.

477 Im Buch ausgeführt.

478 **a)** $x_1 = 3$, $x_2 = 5$ **b)** $x_1 = -5$, $x_2 = \frac{1}{2}$
c) $x_1 = \frac{1}{5}$, $x_2 = 10$ **d)** $x_1 = -9$, $x_2 = 8$
e) $x_1 = -1$, $x_2 = 3$ **f)** $x_1 = -3, x_2 = 1$

479 **a)** $x_1 = -\frac{1}{5}$, $x_2 = \frac{7}{2}$ **b)** $x_1 = -\frac{2}{3}$, $x_2 = \frac{3}{5}$
c) $x_1 = \frac{4}{5}$, $x_2 = \frac{7}{5}$ **d)** $x_1 = -3,5$; $x_2 = 0,6$
e) $x_1 = -\sqrt{3} + 2$; $x_2 = \sqrt{3} + 2$
f) $x_1 = \frac{-\sqrt{7}+1}{3}$; $x_2 = \frac{\sqrt{7}+1}{3}$

480 **a)** $L = \{\}$ **b)** $L = \{13\}$ **c)** $L = \{-5; 4\}$
d) $L = \{\}$ **e)** $x_{1,2} = 4 \pm 2\sqrt{2}$
f) $x_{1,2} = -1 \pm 3\sqrt{5}$ **g)** $x_{1,2} = 1 \pm \frac{3}{2}\sqrt{7}$
h) $x_{1,2} = \frac{2}{5} \pm \frac{3}{2}\sqrt{2}$

481 **a)** $x_1 = \frac{1}{8}$; $x_2 = \frac{1}{7}$; gerundet auf 2 Stellen: $L = \{\}$; gerundet auf 4 Stellen: $x_1 = 0{,}12742$; $x_2 = 0{,}14048$
b) $x_1 = \frac{149}{3}$; $x_2 = 50$; gerundet auf 2 Stellen: $x_1 = 49{,}3909$; $x_2 = 50{,}2791$;
gerundet auf 4 Stellen: $x_1 = 49{,}6617$; $x_2 = 50{,}005$
c) $x_1 = 33$; $x_2 = \frac{100}{3}$;
gerundet auf 2 Stellen: $L = \{\}$;
gerundet auf 4 Stellen: $x_1 = 33{,}0033$; $x_2 = 33{,}33$

482 -

483 -

484 **a)** $x^2 - 3x + 2 = 0$ **b)** $x^2 - 8x + 15 = 0$
c) $x^2 - 3x - 4 = 0$ **d)** $x^2 + 8x + 15 = 0$
e) $x^2 + 3x - \frac{27}{4} = 0$ **f)** $x^2 - 6x + 4 = 0$

485 Gleichungen der Form $(x-a)^2 = x^2 - 2ax + a^2$ haben nur eine Lösung. Man kann sich die Lösung $x = a$ vorgeben und wählt danach die Koeffizienten $p = -2a$ und $q = a^2$

486 -

487 **a)** $x_1 = 1$; $x_2 = 7$ **b)** $x_1 = 2$; $x_2 = 5$
c) $x_1 = -1$; $x_2 = 42$ **d)** $x_1 = 2$; $x_2 = 6$

488 **a)** $x_1 = -5$; $x_2 = -2$ **b)** $x_1 = -4$; $x_2 = 3$
c) $x_1 = -2$; $x_2 = 5$ **d)** $x_1 = -4$; $x_2 = -3$
e) $x_1 = -7$; $x_2 = -1$ **f)** $x_1 = 1$; $x_2 = 3$
g) $x_1 = -5$; $x_2 = -1$ **h)** $x_1 = -9$; $x_2 = -7$

489 Da $q = x_1 \cdot x_2$ gilt, muss eine Lösung positiv und eine negativ sein. Wären beide positiv, so wäre auch q positiv. Wären beide negativ, so wäre q wieder positiv.

490 -

491 Im Buch ausgeführt.

492 Im Buch ausgeführt.

493 -

494 **a)** $x_1 = -\frac{8}{3}$, $x_2 = 1$
b) $x_1 = -15$, $x_2 = -3$ **c)** $x_1 = -\frac{7}{2}$, $x_2 = -\frac{3}{4}$
d) $x_1 = \frac{7}{2}$, $x_2 = \frac{3}{2}$ **e)** $x_1 = \frac{5}{3}$, $x_2 = \frac{1}{3}$

495 **a)** $x_1 = -\frac{4}{5}$, $x_2 = \frac{3}{5}$ **b)** $L = \{\}$
c) $L = \{\}$ **d)** $L = \{\}$ **e)** $x_{1,2} = \frac{3}{4}$

496 Ja. (Überlege dir die Begründung!)

497 **a)** $x_1 = -4$, $x_2 = 7$ **b)** $x_1 = -3$, $x_2 = 7$
c) $x_1 = -6$, $x_2 = \frac{2}{5}$ **d)** $x_1 = \frac{5}{6}$, $x_2 = \frac{2}{3}$

498 **a)** $x_1 = -\frac{9}{16}$, $x_2 = -2$
b) $x_1 = -\frac{9}{16}$, $x_2 = -\frac{1}{2}$ **c)** $x_1 = -\frac{1}{2}$, $x_2 = \frac{1}{10}$
d) $x_1 = \frac{1}{5}$, $x_2 = \frac{1}{2}$

499 -

500 $a = 42\,\text{cm}$ (Beachte: $\mathbb{G} = \mathbb{R}^+$!)

501 **a)** $q = 9$ **b)** $b = \pm 20$

502 **a)** Hinweis: Wann hat der Term $\sqrt{1-q}$ einen reellen Wert? **b)** Hinweis: Wann hat der Term $\sqrt{1+2a}$ einen reellen Wert?

503 **a)** $x_1 = -0{,}86852$; $x_2 = 1{,}53518$
b) $x_1 = -0{,}50829$; $x_2 = 1{,}27300$ **c)** $L = \{\}$
d) $x_1 = -2{,}6000$; $x_2 = 1{,}0000$
e) $x_{1,2} = -1{,}41421$

504 **a)** $x_1 = -1{,}15395$; $x_2 = 0{,}97277$
b) $x_1 = -1{,}70576$; $x_2 = 1{,}53746$
c) $x_1 = -3{,}67824 \cdot 10^4$; $x_2 = 3{,}65324 \cdot 10^4$
d) $x_1 = -3{,}23607$; $x_2 = -1{,}23607$

505 -

506 Im Buch ausgeführt.

507 Im Buch ausgeführt.

508 **a)** $x_1 = 2$, $x_2 = 3$
b) $x_1 = \frac{4}{5}$, $x_2 = \frac{1}{3}$, $x_3 = \frac{2}{3}$
c) $x_1 = -7$, $x_2 = -3$, $x_3 = -2$
d) $x_1 = 2$, $x_{2,3} = 5$

509 **a)** $x = -1$ **b)** $x_1 = -2$, $x_2 = -1$
c) $x_{1,2} = \pm 2$, $x_{3,4} = \pm 4$
d) $x_1 = -4$, $x_2 = 1$, $x_3 = -2$, $x_4 = -1$

510 **a)** $x_{1,2} = -5, x_3 = 1$ **b)** $x_{1,2,3} = -2,75$
c) $x_1 = -14,325; x_2 = -1,675; x_3 = -6; x_4 = -2$

d) $x_1 = -6, x_2 = 3, x_3 = -2, x_4 = -1$
e) $x_{1,2} = -1, x_3 = \frac{2}{3}, x_4 = \frac{3}{2}$

511 **a)** $x_{1,2} = \pm 3, x_{3,4} = \pm 5$
b) $x_{1,2} = \pm 2, x_{3,4} = \pm 7$
c) $x_{1,2} = \pm 0,5; x_{3,4} = \pm 2$
d) $x_{1,2} = \pm 1,5; x_{3,4} = \pm 4$
e) $x_{1,2} = \pm 1,5; x_{3,4} = \pm 2$
f) $x_{1,2} = \pm 0,375; x_{3,4} = \pm 0,5$
g) $x_{1,2} = \pm 0,25; x_{3,4} = \pm 0,75$
h) $x_{1,2} = \pm\sqrt{2}, x_{3,4} = \pm 2$

512 -

513 **a)** $x_{1,2,3} = 4$ **b)** $x_1 = -2, x_{2,3} = 4$
c) $x_{1,2,3} = 5$ **d)** $x_{1,2,3} = 9$

514 -

515 **a)** $x_1 = 2;\ x_2 = -1;\ x_3 = -1;\ x_4 = 0,5$
b) $x_1 = -2;\ x_2 = 1,5;\ x_3 = \frac{2}{3};\ x_4 = -0,5$
c) $x_1 = 3;\ x_2 = 2;\ x_3 = 0,5;\ x_4 = \frac{1}{3}$
d) $x_1 = 5;\ x_2 = 1,5;\ x_3 = \frac{2}{3};\ x_4 = 0,2$

516 Im Buch ausgeführt.

517 Im Buch ausgeführt.

518 **a)** HN: $5 \cdot (2x-3) \cdot (x+1)$
$D = \mathbb{R}\backslash\{-1; \frac{3}{2}\};\quad x_1 = -\frac{8}{3};\ x_2 = 5$
b) HN: x^2; $D = \mathbb{R}\backslash\{0\};\quad x_1 = -2;\ x_2 = 1$
c) HN: $4 \cdot (2x+3) \cdot (3-2x)$; $D = \mathbb{R}\backslash\{\pm\frac{3}{2}\}$;
$x_{1,2} = \pm\frac{9}{2}$ **d)** HN: $9x^2 - 1$; $D = \mathbb{R}\backslash\{\pm\frac{1}{3}\}$;
$x_1 = -\frac{4}{3};\ x_2 = \frac{5}{3}$ **e)** HN: $(7x+1) \cdot (8x+1)$;
$D = \mathbb{R}\backslash\{-\frac{1}{8}; -\frac{1}{7}\};\quad L = \{\}$

519 **a)** HN: $3 \cdot (x-1) \cdot (x+1)$
$D = \mathbb{R}\backslash\{1; -1\};\quad x_1 = -\frac{2}{3};\ x_2 = \frac{7}{2}$
b) HN: $(x^2 - 1)$ $D = \mathbb{R}\backslash\{-1; 1\}$
$x_1 = -0,5;\ x_2 = 2,25$
c) HN: $2x \cdot (x+2)$; $D = \mathbb{R}\backslash\{-2; 0\}$
$x_1 = 0;\ x_2 = -\frac{19}{3}$
d) HN: $x \cdot (x-2)$ $D = \mathbb{R}\backslash\{0; 2\}$;
$x_1 = \frac{13}{4};\ x_2 = \frac{1}{2}$
e) HN: $(x^2 - 4) \cdot (x^2 - 1)$ $D = \mathbb{R}\backslash\{-2; -1; 1; 2\}$
$x_1 = -6;\ x_2 = 0$

520 -

521 Im Buch ausgeführt.

522 **a)** $(x+5) \cdot (x+2)$ **b)** $(x+4) \cdot (x-1)$
c) $(x+9) \cdot (x+7)$ **d)** $(x+3) \cdot (x+2)$
e) $(x+5) \cdot (x+3)$ **f)** $(x+7) \cdot (x+2)$
g) $(x+6) \cdot (x-7)$ **h)** $(x-5) \cdot (x-7)$

523 -

524 **a)** $x_2 = \frac{2}{3}, x_3 = \frac{4}{3}$ **b)** $x_2 = -8, x_3 = -4$
c) $x_2 = \frac{2}{3}, x_3 = \frac{4}{3}$ **d)** $x_2 = -5, x_3 = -\frac{3}{2}$

525 **a)** $x_1 = -\frac{3}{2}, x_2 = -\frac{4}{3}, x_3 = 1$
b) $x_1 = -2, x_2 = -\frac{4}{3}, x_3 = -1$
c) $x_1 = -\frac{4}{5}, x_2 = -\frac{3}{5}, x_3 = 2$
d) $x_1 = -4, x_2 = -2, x_3 = -\frac{3}{2}$
e) $x_{1,2,3} = 3, x_4 = 1$ **f)** $x_1 = -1,\ x_{2,3,4} = -\frac{5}{2}$
g) $x_{1,2,3} = -1$ **h)** $x_{1,2,3} = -1$

526 -

527 **a)** $L = \{-1, -\frac{1}{\sqrt{2}}, \frac{1}{\sqrt{2}}, -\sqrt{2}, \sqrt{2}\}$
b) $L = \{-1, -\sqrt{2-\sqrt{3}}, \sqrt{2-\sqrt{3}},$
$-\sqrt{2+\sqrt{3}}, \sqrt{2+\sqrt{3}}\}$

528 Im Buch ausgeführt.

529 **a)** $t = \sqrt{\frac{2s}{g}}$ **b)** $g = \frac{2s}{t^2}$

530 **a)** $h = \frac{v^2}{2g}$ **b)** $g = \frac{v^2}{2h}$

531 **a)** $l = \frac{T^2}{4\pi^2} g$ **b)** $g = \frac{4\pi^2}{T^2} l$

532 $a = \sqrt{\frac{V}{h}}$

533 $a = \sqrt{\frac{3V}{h}}$

534 $a = \sqrt{\frac{2V}{3\sqrt{3}h}}$

535 Für die Oberfläche eines Quaders gilt die Formel $O = 2(ab + bc + ac)$. **a)** $a = 3$
b) $c = \frac{32 - 2a^2}{4a}$. Bedingung: $a < 4$. **c)** $a = \frac{O - 2bc}{2(b+c)}$

536 **a)** $x = \frac{1}{3}(4a - 1)$ **b)** $x = \frac{1}{2}(10 - 3a)$
c) $x_1 = 0, x_2 = \frac{3}{a}$ **d)** $x_1 = 0, x_2 = 1 + 4a$

537 **a)** $x_{1,2} = 2 \pm \sqrt{4 - a}$ $\quad a \leq 4$
b) $x_{1,2} = \frac{3 \pm \sqrt{9 - a}}{a}$ $\quad a \leq 9$

c) $x_{1,2} = \frac{1}{2}\left(a \pm \sqrt{a^2-4}\right)$ $\quad a \geq 2$ oder $a \leq -2$

538 a) $a_{1,2} = \pm 3, x_{1,2} = \mp 3$ **b)** $a = 3, x = 1$
c) $a_1 = 0, x_1 = 0; a_2 = \frac{9}{4}, x_2 = \frac{9}{2};$

539 $r = \frac{2}{3}\sqrt{\frac{O}{\pi}}$

540 a) $s = 2$ **b)** $s = \frac{O}{3\pi} - 3$ für $O > 9\pi$

541 $\ell = 2; \ell = \sqrt{A+4} - 2$ (Beachte: Grundmenge $= \mathbb{R}^+$!)

542 a) $V \approx 317{,}3$ Liter
b) Einsetzen liefert $V = r^2\pi h$ bzw. $V = \frac{4\pi}{3}r^3$.
c) Bei Wanddicke d sind die Innenhöhe $h - 2d$ und die inneren Umfänge $u - 2\pi d$ bzw. $U - 2\pi d$. Die Formel

$$V = \frac{(h-2d)\left((u-2d\pi)^2 + 2(U-2d\pi)^2\right)}{12\pi}$$

lässt sich durch Ausmultiplizieren nicht wesentlich vereinfachen.

543 Im Buch ausgeführt.

544 Im Buch ausgeführt.

545 Im Buch ausgeführt.

546 a) $x = 2, y = -1$ **b)** $x = 4, y = -4$
c) $x = 1, y = 4$ **d)** $x = -2, y = 1$

547 a) $x = 4,\ y = -1$ **b)** $x = 5,\ y = -3$
c) $x = -4;\ y = 2$
d) $x = 1,\ y = -1$

548 a) $x = \frac{1}{2},\ y = 3$ **b)** $x = 0,\ y = -2$
c) $x = 3,\ y = 0$ **d)** $x = 8,\ y = -8$

549 a) $x = 1,\ y = -1$ **b)** $x = -5,\ y = 5$
c) $x = 0,\ y = 2$ **d)** $x = \frac{1}{2},\ y = 3$

550 a) $x = -1,\ y = \frac{7}{5}$ **b)** $x = 14,\ y = -\frac{18}{5}$
c) $x = -\frac{3}{2},\ y = 3$ **d)** $x = -\frac{3}{2},\ y = 3$

551 a) $x = 6,\ y = 4$ **b)** $x = 42,\ y = 21$
c) $x = 4,5;\ y = 1,5$ **d)** $x = \frac{17}{4},\ y = \frac{7}{4}$
e) $x = \frac{4}{3},\ y = \frac{1}{3}$

552 a) $x = 5 + \frac{1}{2}d,\ y = 5 - \frac{1}{2}d$
b) $x = \frac{1}{2}s + 1,\ y = \frac{1}{2}s - 1$ **c)** $x = \frac{s+d}{2},\ y = \frac{s-d}{2}$

553 $x = 140,\ y = 80$

554 $x = 24,\ \ y = 18$

555 Im Buch ausgeführt.

556 Im Buch ausgeführt.

557 a) $x = 11,\ y = 1$ **b)** $x = 3,\ y = 6$
c) $x = -1,\ y = 2$ **d)** $x = -2,\ y = 5$

558 a) $x = 8,\ y = -2$ **b)** $x = 2,\ y = -1$
c) $x = -\frac{1}{4},\ y = 8,25$ **d)** $x = 2,\ y = -1$

559 a) $x = 10,\ y = 3$ **b)** $x = -1;\ y = 2$
c) $x = 4;\ y = -2$ **d)** $x = -7,\ y = -3$

560 a) $x = -5,\ y = 4$ **b)** $x = 3,\ y = 1$
c) $x = 4,\ y = 11$ **d)** $x = -1,\ y = 1$

561 a) $x = \frac{10}{11},\ y = -\frac{6}{11}$ **b)** $x = \frac{106}{3},\ y = -10$
c) $x = -\frac{20}{3},\ y = 6$ **d)** $x = \frac{4}{7},\ y = \frac{1}{7}$

562 a) $x = 8,\ y = 2$ **b)** $x = 5,\ y = 2$
c) $x = 0,\ y = 1$ **d)** $x = 2,\ y = 0$

563 a) $x = 2,\ y = 0$ **b)** $x = -1,\ y = 2$
c) $x = 2,\ y = -3$ **d)** $x = 0,\ y = 3$

564 a) $x = \frac{5}{4},\ y = -\frac{23}{4}$ **b)** $x = \frac{3}{4},\ y = \frac{7}{5}$
c) $x = \frac{29}{6},\ y = \frac{9}{2}$ **d)** $x = -4,\ y = \frac{2}{3}$

565 a) $x = 2,\ y = -1{,}8$ **b)** $x = 0,4;\ y = 0,7$
c) $x = -4,3;\ y = 0,4$ **d)** $x = -0,3;\ y = 3,6$

566 a) $s = 1,5$ MB; $f = 2,5$ MB
b) $w = 1,1$ €; $c = 0,80$ €
c) $E = 12;\ J = 8$

567 -

568 a) $(x;y) \in \{(0;4),(1;2),(2;0)\}$
b) $(x;y) \in \{(0;6),(1;4),(2;2),(3;0)\}$
c) $(x;y) \in \{(12;9),(28;0)\}$
d) $(x;y) \in \{(0;10),(2;5),(4;0)\}$

569 **a)** $x = \frac{7}{3}$; $\mathbb{Q}$; $\mathbb{R}^+$; $\mathbb{R}$ **b)** $x = 6$; $\mathbb{Q}$; $\mathbb{R}^+$; $\mathbb{R}$ **c)** $x_{1,2} = \pm 5$; $\mathbb{R}$; $\mathbb{Q}$ **d)** keine Lösung in diesen Grundmengen

570 **a)** $x = 2$; alle **b)** $x = -6$; alle
c) $x_{1,2} = \pm\frac{3}{2}$; $\mathbb{Q}$; $\mathbb{R}$ **d)** $x = \pm\sqrt{2}$; $\mathbb{R}$

571 $(x; y) \in \{(0; 12), (4; 9), (8; 6), (12; 3), (16; 0)\}$

572 **a)** $3x + 10y = 36, \quad (x; y) \in \{(2; 3), (12; 0)\}$
b) $5x + 12y = 32, \quad (x; y) = (4; 1)$
c) $5x + 12y = 99, \quad (x; y) \in \{(3; 7), (15; 2)\}$

573 **a)** $x = 3; y = 4$ **b)** $x = 13; y = 21$
c) $x = \frac{3}{4}; y = \frac{5}{4}$ **d)** $x = 10; y = \frac{1}{10}$
Bemerkung: Es gibt jeweils eine zweite Lösung, bei der aber nur die Werte für x und y vertauscht sind.

574 **a)** $x = \frac{3}{4}$; $y = \frac{5}{4}$ **b)** $x = 24$; $y = 8$
c) $x = 2\sqrt{3}$; $y = \sqrt{3}$ **d)** $x = -y$

575 -

576 **a)** $a = 2$ $(x_{1,2} = 4)$ oder $a = -6$ $(x_{1,2} = 0)$

b) $a = 1$ $(x_{1,2} = 2)$ oder $a = -7$ $(x_{1,2} = -2)$

c) $a = 2$ $(x_{1,2} = -2)$ oder $a = -2$ $(x_{1,2} = 2)$

577 **a)** $x = \frac{1}{2}\left(1 + \sqrt{5}\right) \approx 1,61803$
b) $x = \frac{1}{2}\left(1 + \sqrt{5}\right) \approx 1,61803$
c) $x = \frac{1}{2}\left(1 + \sqrt{5}\right) \approx 1,61803$

578 $\frac{a}{b} = \frac{1}{2}\left(1 + \sqrt{5}\right) \approx 1,61803$

579 297,3 mm mal 210,2 mm

580 -

581 -

582 -

583 **a)** 20 Portionen Germknödel, 70 Portionen Kaiserschmarren
b) 5 Kinderportionen, 7 Erwachsenenportionen

584 **a)** $s = 10$ Punkte, $k = 12$ Punkte
b) $sch = 5$ Punkte, $s = 25$ Punkte
c) $k = 15$ min, $l = 30$ min

585 Nikis Ferrari braucht 9 Liter/100km auf der Autobahn und 7 Liter/100km auf Bundesstraßen.

586

Schraube...s, Mutter...m:
$G = \mathbb{N}$, $s = 12$ g, $m = 14$ g

587 **a)** $s = 4$ g, $m = 3$ g
b) Keine eindeutige Lösung. $s = 4$ g, $m = 3$ g wäre ebenso möglich wie $s = 5$ g, $m = 2$ g...
c) Die Angaben sind widersprüchlich (Begründet!). Es gibt keine Lösung.

588 -

589 34,6 ml Kochsalzlösung, 965,4 ml Wasser

590 Pro 500 ml Desinfektionslösung 129,63 ml der 30%-igen und 370,37 ml der 3%-igen Lösung.

591 2000 ml

592 200 ml Apfelsaft und 300 ml Wasser

593 1,286 t bzw. 1,714 t

594 Bis auf Beispiele 4 und 5 handelt es sich um Gleichungen.

595 Die Gleichungen sind lösbar in:

$\mathbb{N}$	$\mathbb{Z}$	$\mathbb{Q}$	$\mathbb{R}$
		×	×
	×	×	×
	×	×	×
		×	×
×	×	×	×

596 **a)** falsch; **b)** falsch; **c)** falsch
d) richtig; **e)** nur für $x \neq 0$ richtig; **f)** richtig

597 -

598 -

599 -

600

	lineare Gleichung	quadrat. Gleichung	keine Gleichung	∃ Lösungen ∈ ℝ
1		×		×
2	×			×
3				
4	×			×
5				×
6		×		
7		×		×
8			×	
9		×		
10			×	

601 Nur Aussage 2 ist richtig.

602

	keine	genau eine	genau zwei	beliebig viele
1	×			
2			×	
3			×	
4			×	
5				×
6		×		
7			×	

603 Wenn für zwei Terme A und B gilt: $A \cdot B = 0$, dann

kann /	muss	gelten:
×		$A = 0$ und $B = 0$
×		$A = 0$
×		$B \neq 0$
	×	$A = 0$ oder $B = 0$
×		$A = 0$ und $B = 0$
×		$A \neq 0$ oder $B \neq 0$
		$A \neq 0$ und $B \neq 0$

604

	-3	-2	-1	0	1	2	3
1	×						×
2						×	
3							
4		×			×		×

Die Gleichung (3) hat keine ganzzahligen Lösungen.

Thema: Alternative Lösungswege

T1 Wenn alle 11 Tiere mit 2 Beinen am Boden stehen, bleiben $28 - 2 \cdot 11 = 6$ Beine in der Luft. Die können nur 3 Schweinderln gehören. Der Lannerbauer hat also 3 Schweinderln und 11 - 3 = 8 Hühner.

T2 8 Becher, 12 Tüten.

T3 Im Buch ausgeführt.

T4 Es haben D'Artagnan 30, Athos 50, Porthos 10 und Aramis 40 Goldstücke Schulden.

T5 -

T6 Der Lösungsweg in der Art der Aufgaben T1 und T2 ist für Systeme der Form

$$\begin{aligned} x + y &= a \quad I \\ bx + cy &= d \quad II \end{aligned}$$

geeignet. Der Rechenweg entspricht dem Eliminationsverfahren mit $II' = II - bI$.
Der Lösungsweg in der Art der Aufgaben T3 und T4 ist für Systeme mit mehr als zwei Unbekannten geeignet. Die Summe aller Gleichungen muss die Form $a(x + y + z + \dots) = b$ haben, und in jeder einzelnen Gleichung muss genau eine Unbekannte fehlen.

T7 Im Buch ausgeführt.

T8 Als Daumenregel gilt meistens: Sobald die Werte auf 2 Stellen genau sind, braucht es nur jeweils einen weiteren Schritt für $4, 8, 16 \dots$ genaue Stellen.

T9 Entweder nähern sich die Rechenschritte nur sehr langsam dem Lösungswert an, oder sie schwanken regellos hin und her.

4 Funktionen

605 **a)** ja $\mathbb{D}_f = \{1, 2, 3\}$
b) nein
c) ja $\mathbb{D}_f = \{1, 2, 3\}$
d) nein
e) ja $\mathbb{D}_f = \{1, 2, 3, 4\}$
f) ja $\mathbb{D}_f = \{1, 2, 3, 4\}$

606 **a)** $f(1) = 2$, $f(2) = 4$, $f(4) = 8$
b) $f(1) = -1$, $f(2) = -2$, $f(3) = -3$

607 **a)** $f(1) = 1$, $f(2) = 1$, $f(3) = 1$, $f(0) = 0$, $f(-1) = -1$, $f(-2) = -1$, $f(-3) = -1$
b) $f(1) = -2$, $f(2) = -5$, $f(3) = -5$

608 -

609 **a)**

x	y
1	2
2	4
4	8

b)

x	y
1	-1
2	-2
3	-3

c)

x	y
1	1
2	1
3	1
0	0
-1	-1
-2	-1
-3	-1

d)

x	y
1	-2
2	-5
3	-5

610 **a)** $f(x) = 2x$, daher $f(5) = 10$, $f(6) = 12$.
b) $f(x) = -x$, daher $f(5) = -5$, $f(6) = -6$.

611 $f(x) = 1$, falls $x > 0$; $f(x) = -1$, falls $x < 0$; $f(0) = 0$

612 -

613 -

614 -

615 x ... Seehöhe in m; y ... Luftdruck in hPa; Punkte des Funktionsgraphen können verbunden werden.

616 x ... Temperatur in °C;
y ... Temperatur in °F; Punkte des Funktionsgraphen können verbunden werden.

617 x ... Bremsweg in m; y ... Geschwindigkeit in km/h; Punkte des Funktionsgraphen können verbunden werden.

618 x ... Zeitspanne in Jahren ab 1950;
y ... Weltbevölkerung in Mrd.; Punkte des Funktionsgraphen können verbunden werden.

619 x ... Leistung der Glühbirne in W;
y ... Lichtstrom in lm; Punkte des Funktionsgraphen können verbunden werden.

620 x ... Bahnhöhe in km; y ... Nutzlast in t; Punkte des Funktionsgraphen können verbunden werden.

621 x ... Zeit in s; y ... Weg in m; Punkte des Funktionsgraphen können verbunden werden.

622 -

623 Im Buch ausgeführt

624 Im Buch ausgeführt

625 **a)** $f(0) = 0$; $f(1) = 0,5$; $f(3) = 1,5$
b) $f(0) = 2$; $f(1) = 1,5$; $f(3) = 0,5$

626 **a)** Für Babys mit einem Alter bis 52 Wochen.
b) ca. 3,5 kg
c) ca. 9 kg
d) nach ca. 13 Wochen

627 **a)** $\mathbb{D}_f = [0; 50]$ **b)** ca. -38 °C
c) ca. -45 °C **d)** bei ca. 4 km und ca. 46 km.

628 **a)** f_1 und f_2 sind Funktionen.
b) f_2 ist eine Funktion; f_1 ist keine Funktion.

629 Karins Aussage stimmt nicht.

630 Die Aussage von Lukas stimmt.

631 -

632 Im Buch ausgeführt.

633 **a)** $f(1) = 2$; $f(2) = 4$; $f(-2) = -4$; $f(4) = 8$

$f(4) = 8$
b) $f(1) = 5$; $f(2) = 2,5$; $f(-2) = -2,5$; $f(4) = 1,25$
c) $f(1) = 2$; $f(2) = 5$; $f(-2) = 5$; $f(4) = 17$
d) $f(1) = -3,5$; $f(2) = -3$; $f(-2) = -5$; $f(4) = -2$

634 **a)** $f(1) = 1$; $f(2) = 0$; $f(-2) = 4$; $f(4) = -2$
b) $f(1) = 3$; $f(2) = 4$; $f(-2) = 0$; $f(4) = 6$
c) $f(1) = 0$; $f(2) = 3$; $f(-2) = 3$; $f(4) = 15$
d) $f(1) = 3$; $f(2) = 0$; $f(-2) = 0$; $f(4) = -12$

635 **a)** $f(1) = 2$; $f(2) = 6$; $f(-2) = 2$; $f(4) = 20$
b) $f(1) = 0$; $f(2) = 4$; $f(-2) = -12$; $f(4) = 48$
c) $f(1) = 5$; $f(2) = \frac{10}{3}$; $f(-2) = -10$; $f(4) = 2$
d) $f(1) = 5$; $f(2) = 2$; $f(-2) = 2$; $f(4) \approx 0,58$

636 Hinweis: Die Achsen sind teilweise unterschiedlich skaliert.

a)

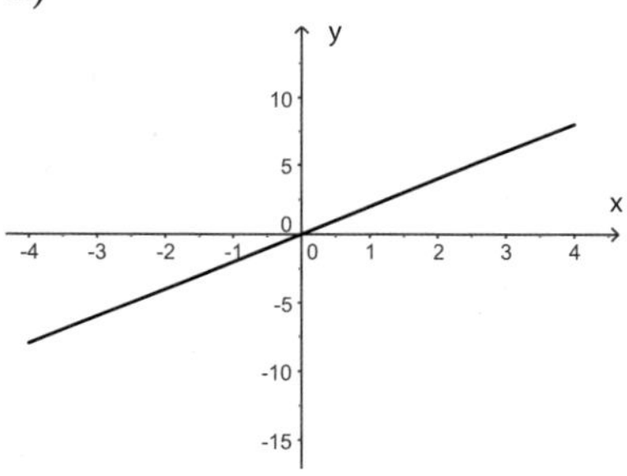

b)

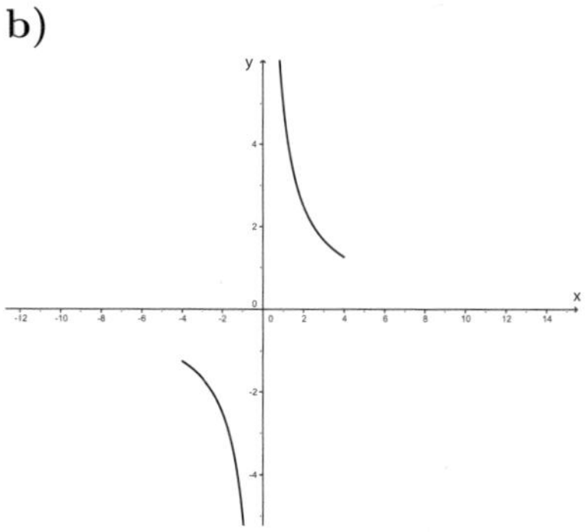

c)

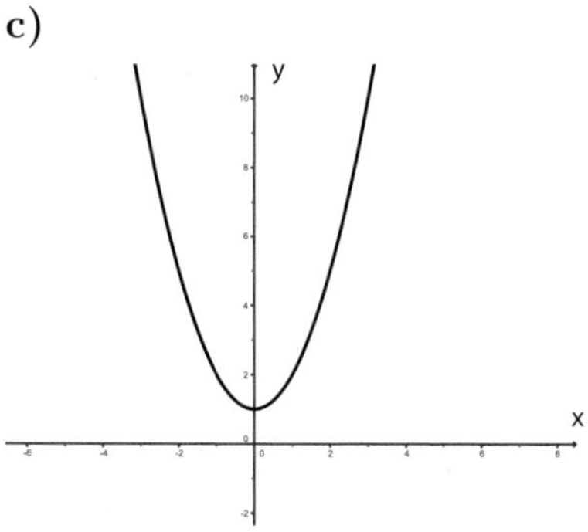

d)

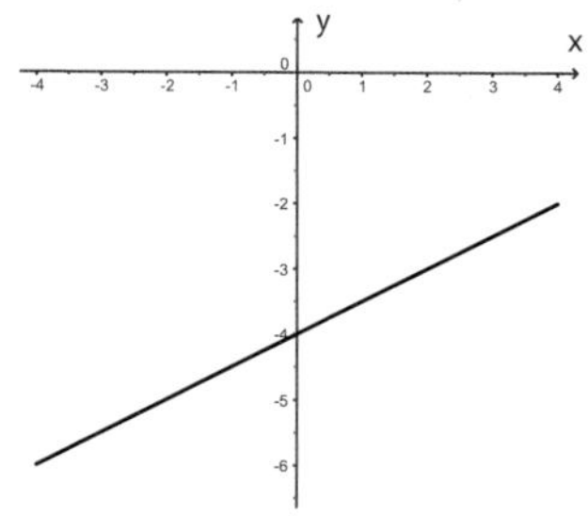

637 Hinweis: Die Achsen sind teilweise unterschiedlich skaliert.

a)

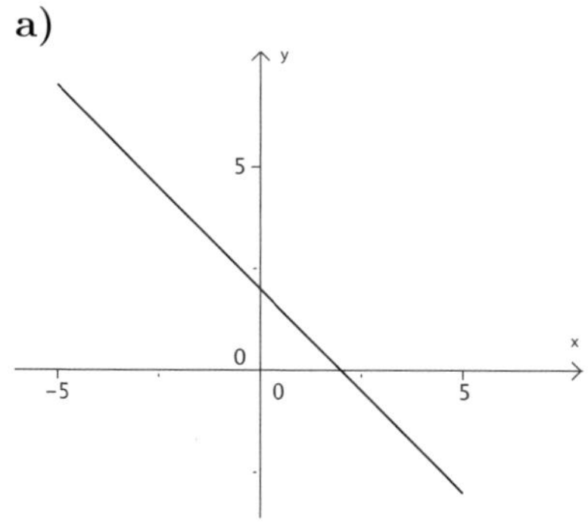

b)

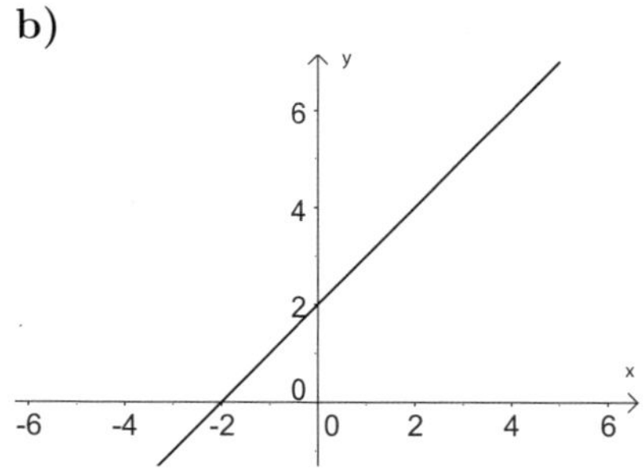

c)

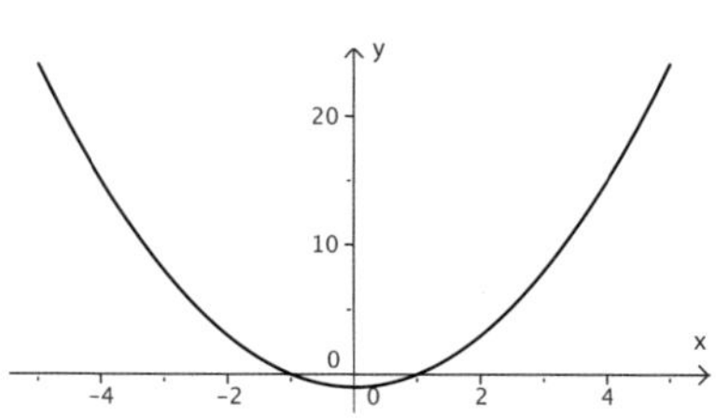

d)

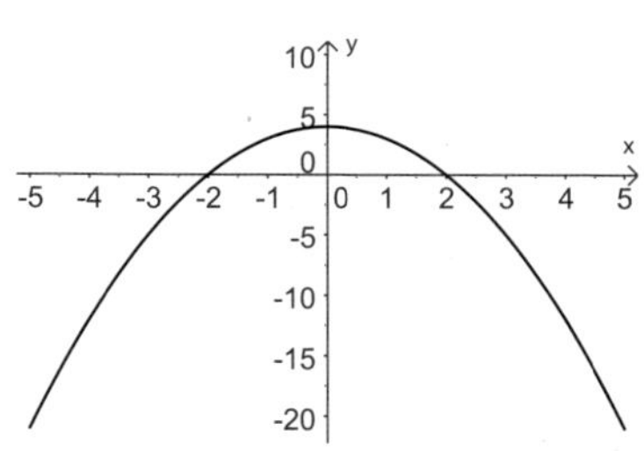

638

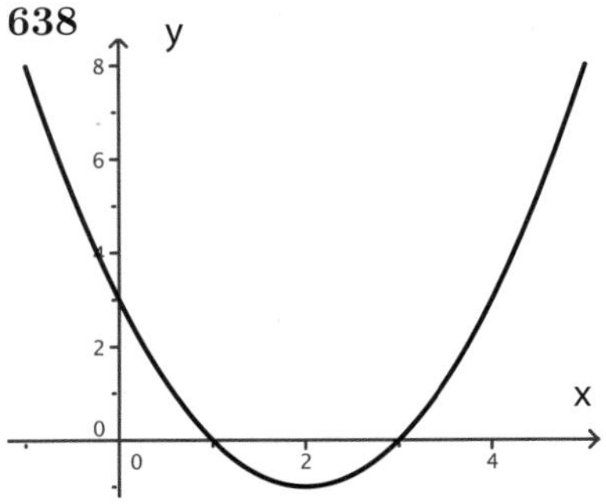

639

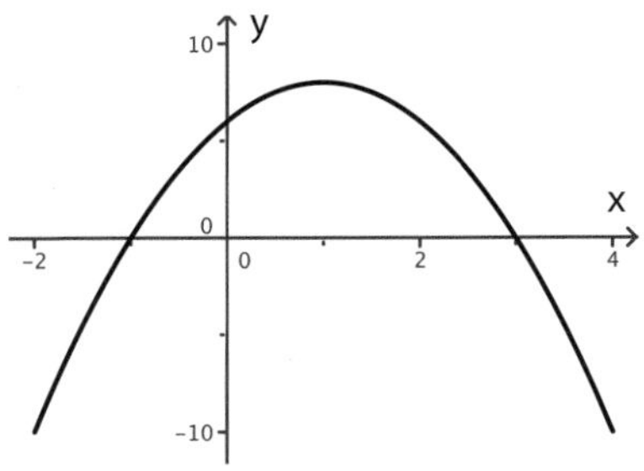

640

a)

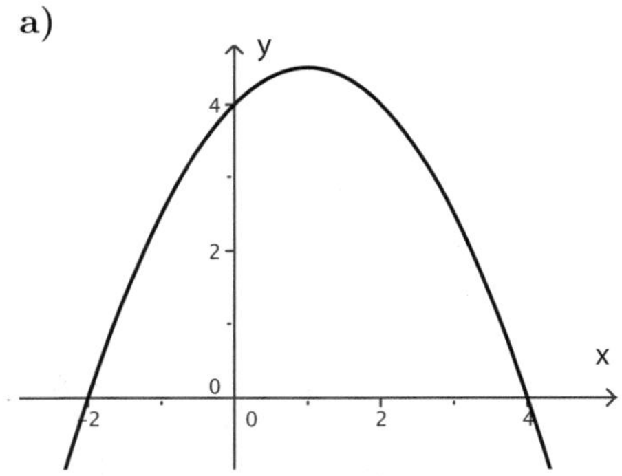

b)

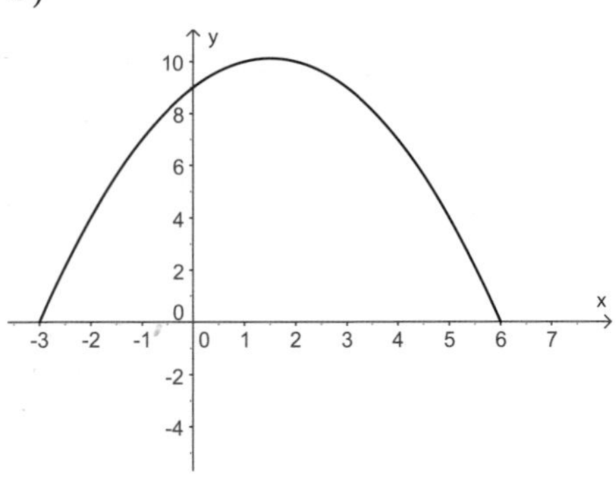

641 Hinweis: Die Achsen sind teilweise unterschiedlich skaliert.

a)

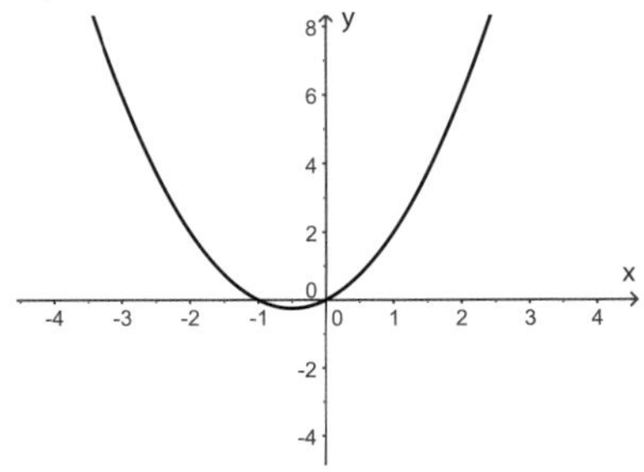

b)

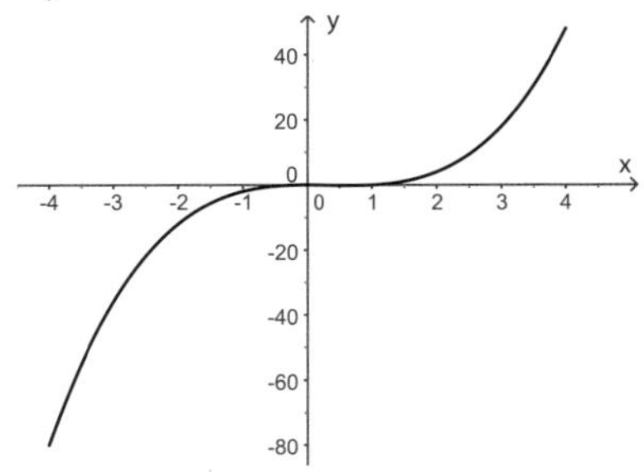

c)

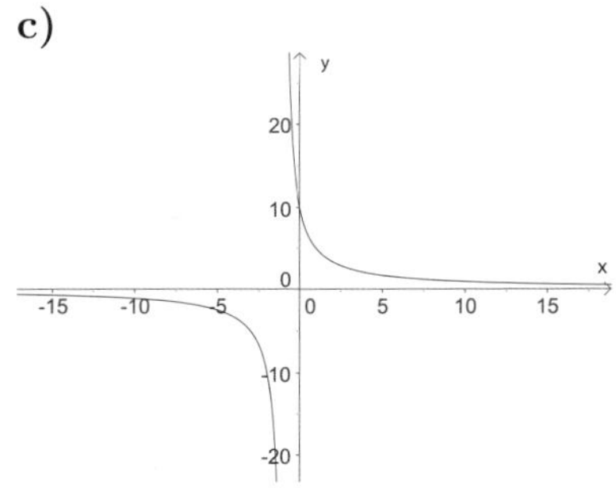

d)

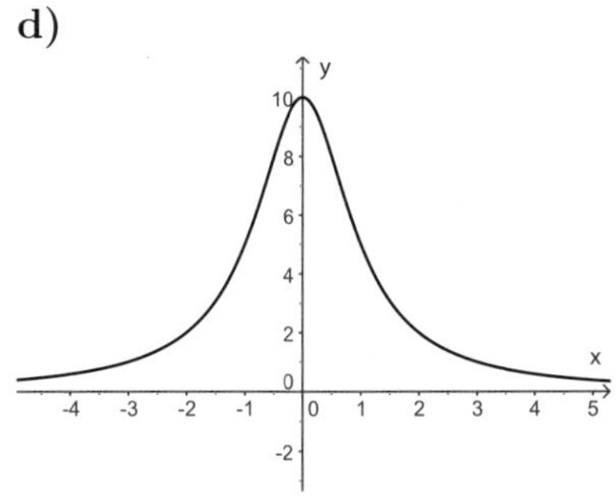

642 für 633: **a)** $\mathbb{D}_f = \mathbb{R}$ und $\mathbb{W}_f = \mathbb{R}$
b) $\mathbb{D}_f = \mathbb{R}\backslash\{0\}$ und $\mathbb{W}_f = \mathbb{R}\backslash\{0\}$
c) $\mathbb{D}_f = \mathbb{R}$ und $\mathbb{W}_f = [1; \infty[$
d) $\mathbb{D}_f = \mathbb{R}$ und $\mathbb{W}_f = \mathbb{R}$

für 634: **a)** $\mathbb{D}_f = \mathbb{R}$ und $\mathbb{W}_f = \mathbb{R}$
b) $\mathbb{D}_f = \mathbb{R}$ und $\mathbb{W}_f = \mathbb{R}$
c) $\mathbb{D}_f = \mathbb{R}$ und $\mathbb{W}_f = [-1; \infty[$
d) $\mathbb{D}_f = \mathbb{R}$ und $\mathbb{W}_f =]-\infty; 4]$

für 635: **a)** $\mathbb{D}_f = \mathbb{R}$ und $\mathbb{W}_f = [-0,25; \infty[$
b) $\mathbb{D}_f = \mathbb{R}$ und $\mathbb{W}_f = \mathbb{R}$
c) $\mathbb{D}_f = \mathbb{R}\backslash\{-1\}$ und $\mathbb{W}_f = \mathbb{R}\backslash\{0\}$
d) $\mathbb{D}_f = \mathbb{R}$ und $\mathbb{W}_f =]0; 10]$

643 Hinweis: Die Achsen sind teilweise unterschiedlich skaliert.
a)

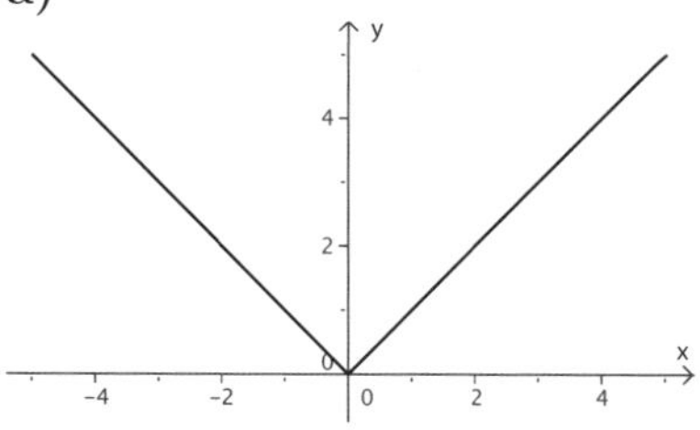

b)

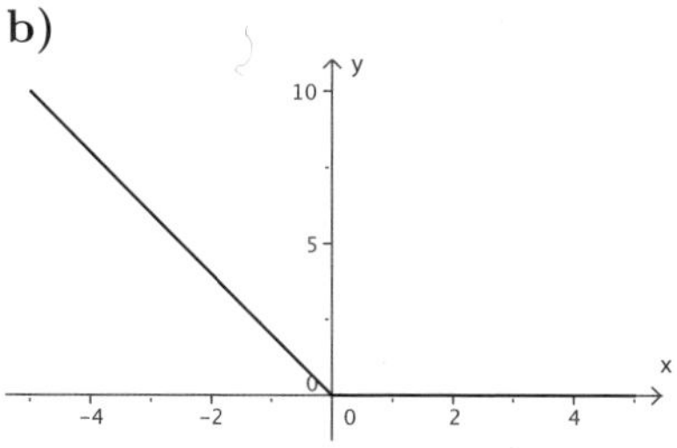

c)

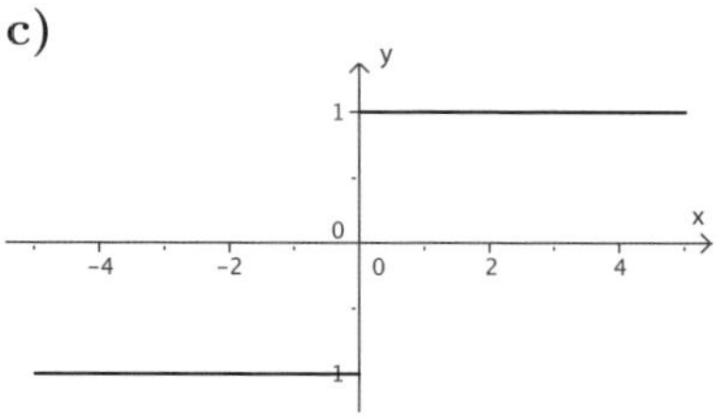

644 a)

x	y
-3	5
-2	2,5
-1	$\frac{5}{3}$
0	1,25
1	1

b)

x	y
-2	4
-1	3
0	2
1	3
2	4

645 l ... Länge des Rechtecks; b ... Breite des Rechtecks; Funktionsterm $b(l) = \frac{8}{l}$

646 **a)** x ... Masse in kg; y ... Preis in €;
$f(x) = 6,5x$
b)

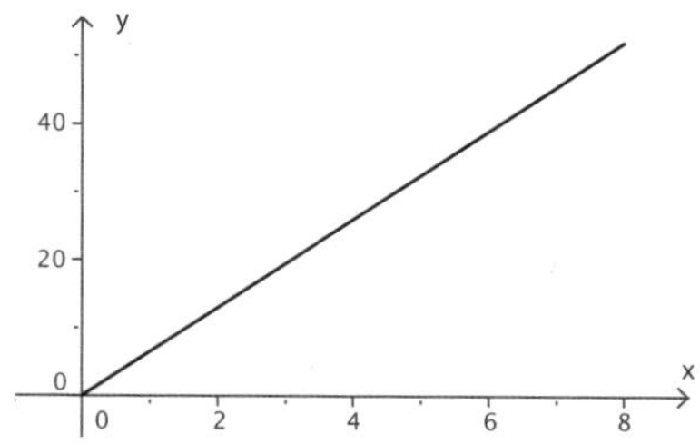

c) Man bekommt etwas über 3 kg Fleisch.
d) $f(1,4) = 9,1$

647
a)

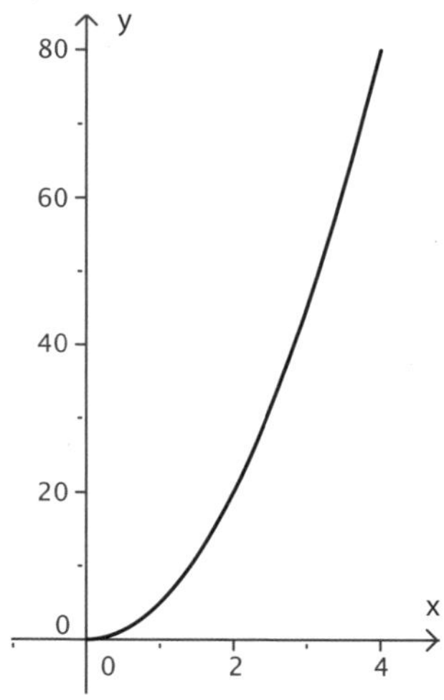

b) $f(1) = 5$ ... Nach 1 Sekunde ist der Stein 5 m gefallen.
$f(2) = 20$ ... Nach 2 Sekunden ist der Stein 20 m gefallen.
c) $f(4) = 80$ ... Die Felswand ist 80 m hoch.
d) Der Bergsteiger hat ca. 2,24 Sekunden Zeit, um zu reagieren.

648 Im Buch ausgeführt.

649 Im Buch ausgeführt.

650 Hinweis: Die Achsen sind teilweise unterschiedlich skaliert.

a)

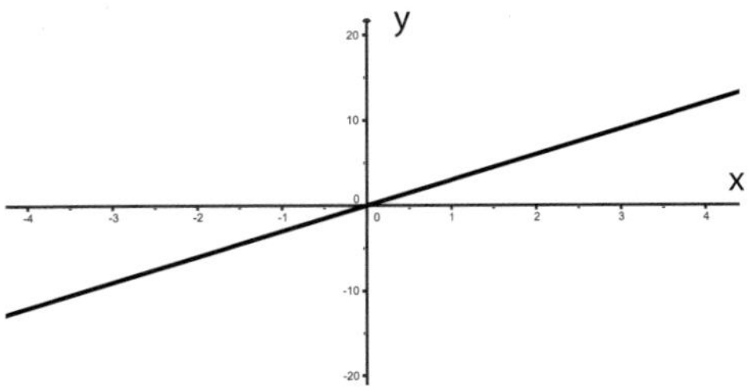

b)

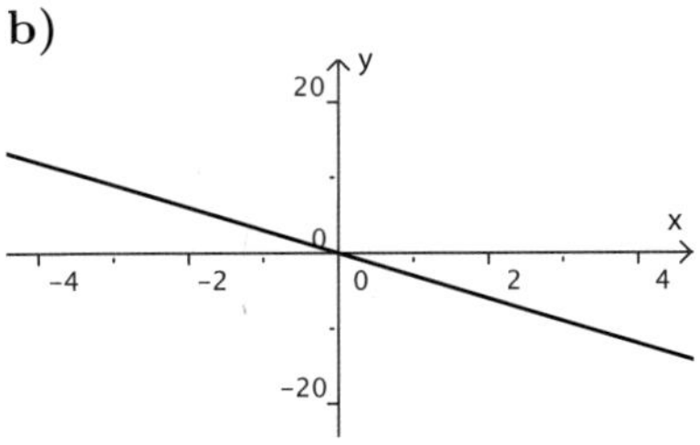

c)

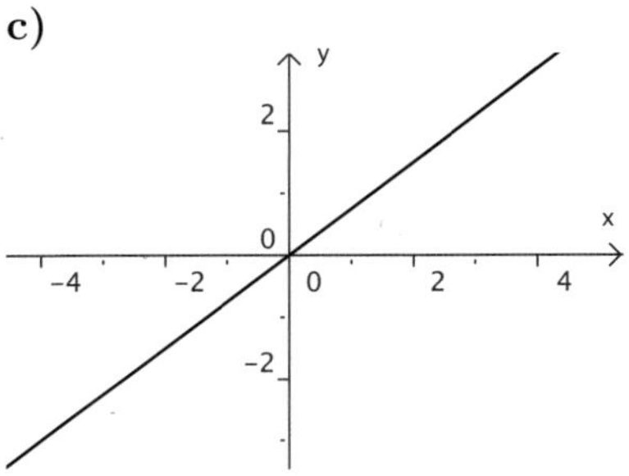

d)

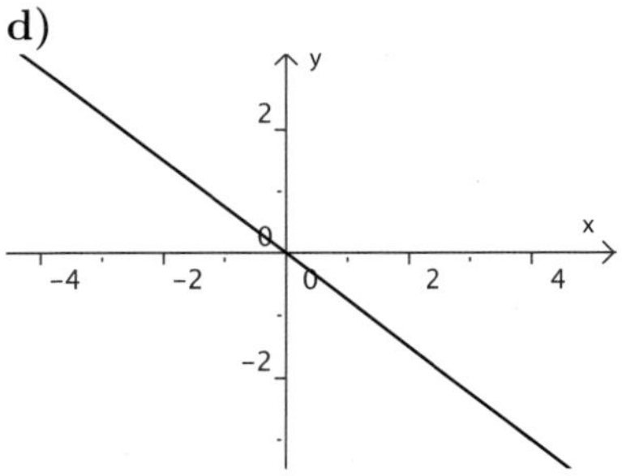

651 Hinweis: Die Achsen sind teilweise unterschiedlich skaliert.

a)

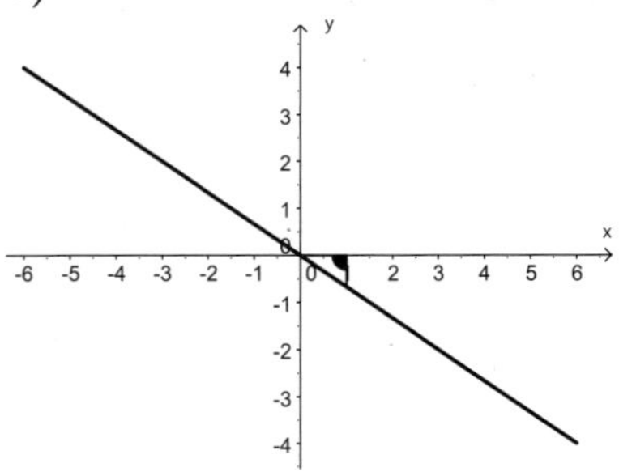

b)

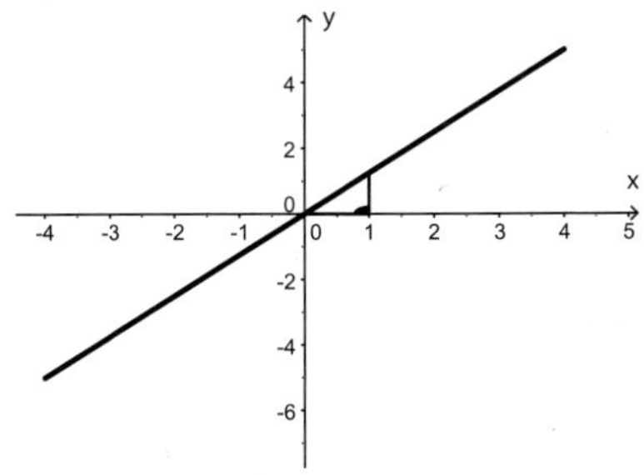

c)

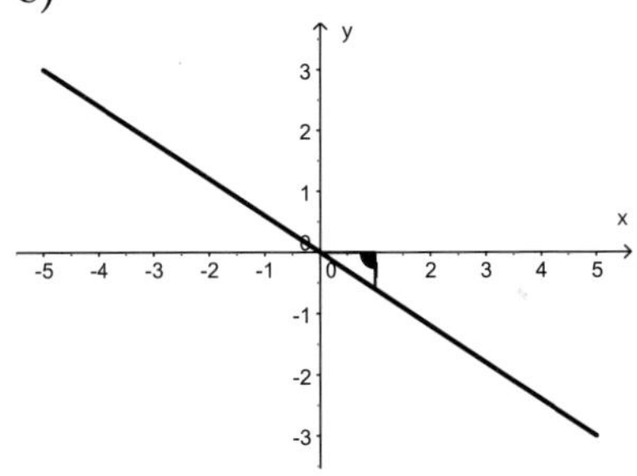

652 a) $k = 2$ b) $k = -0,5$
c) $k = -1$

653 a) $f(x) = -\frac{2}{3}x$ b) $f(x) = 0,75x$
c) $f(x) = -1,5x$

654 a) $f(x) = -\frac{16}{5}x$ b) $f(x) = \frac{16}{35}x$
c) $f(x) = -\frac{4}{15}x$

655 -

656 -

657 x ... Masse der Vanillekipferl in dag; y ... Preis der Vanillekipferl in €; $y = 0,4x$
Es liegt eine direkte Proportion vor!

658 x ... Zeit in Stunden; y ... Entfernung in km; $y = 16x$
Es liegt eine direkte Proportion vor!

659 Im Buch ausgeführt.

660 Im Buch ausgeführt.

661 Hinweis: Die Achsen sind teilweise unterschiedlich skaliert.

a) $k = 2$; $d = -2$;

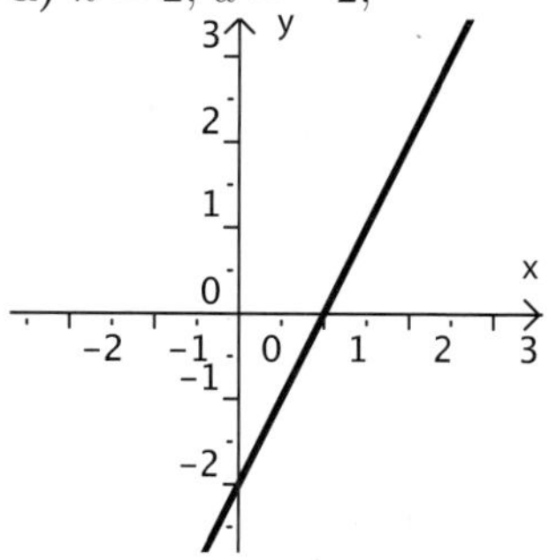

b) $k = -2$; $d = 6$;

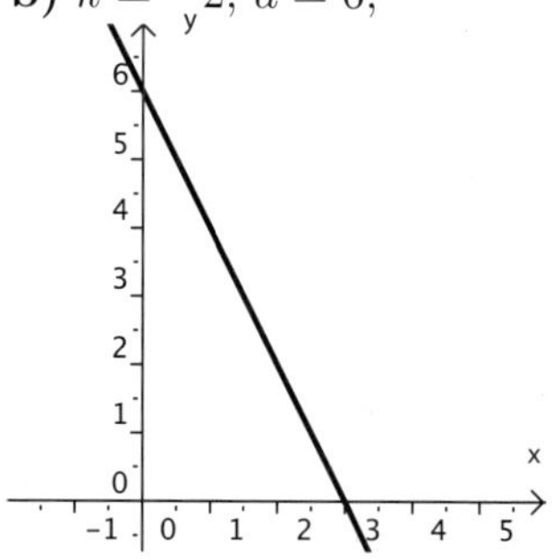

c) $k = 0,5$; $d = 4$;

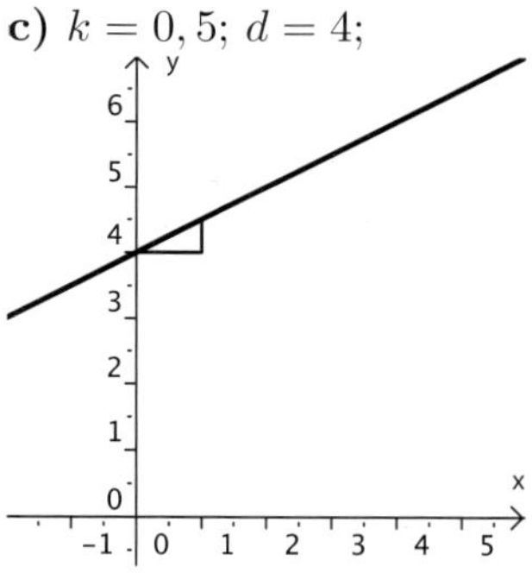

d) $k = -1,5$; $d = 6$;

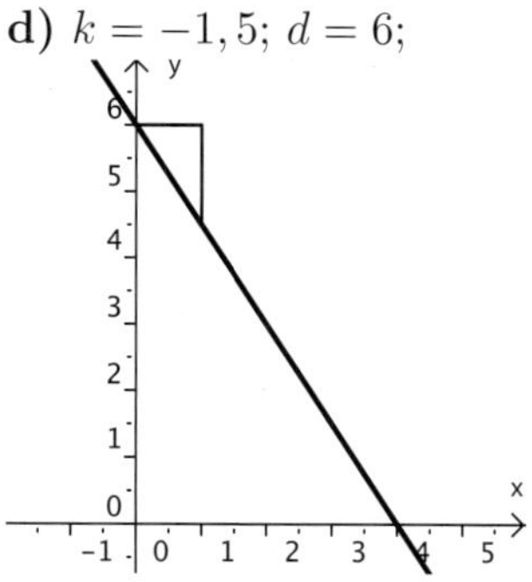

662 Hinweis: Die Achsen sind teilweise unterschiedlich skaliert.

a) $k = 3$; $d = -6$;

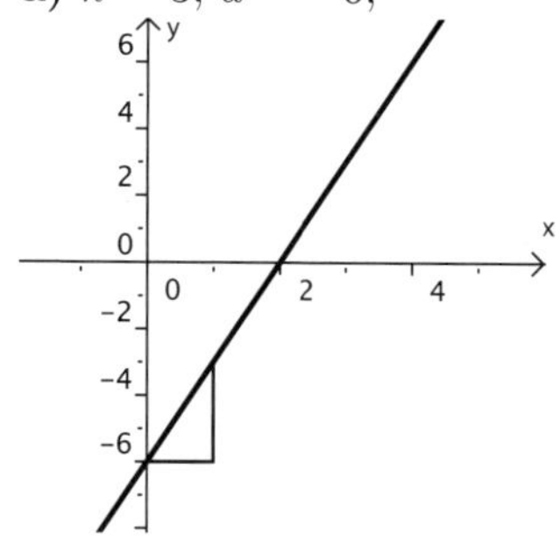

b) $k = -3$; $d = 9$;

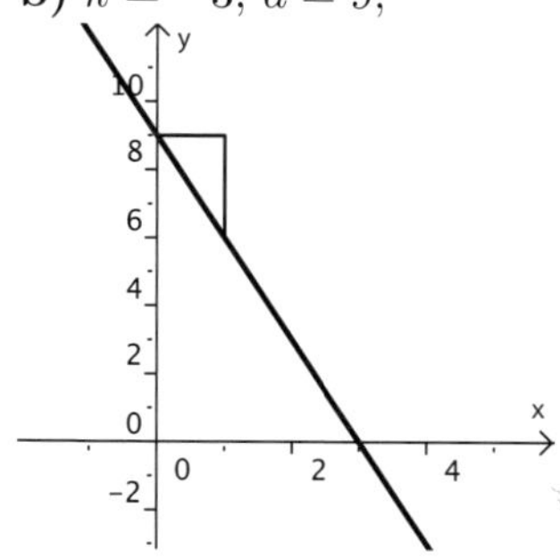

c) $k = 1,5$; $d = 1$;

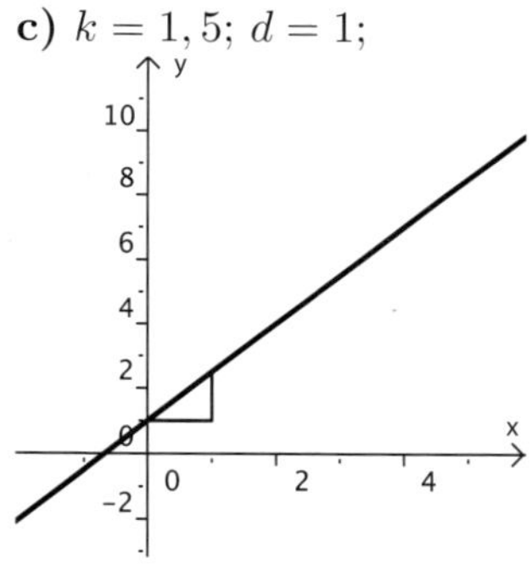

d) $k = -2,5$; $d = 10$;

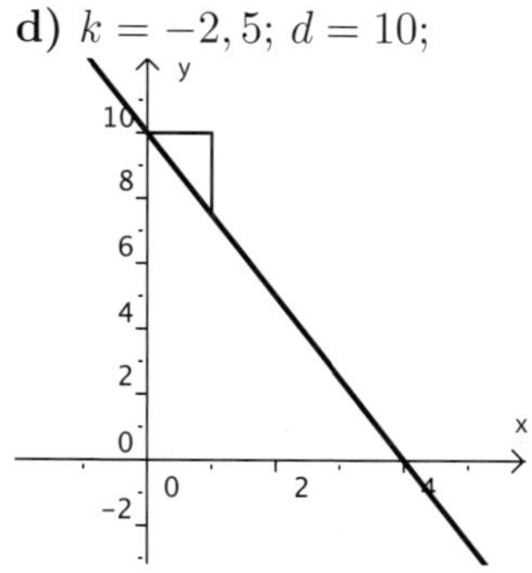

663 Hinweis: Die Achsen sind teilweise unterschiedlich skaliert.

a)

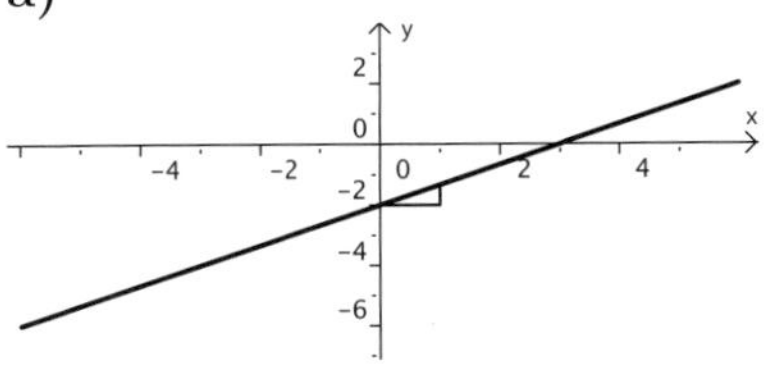

b)

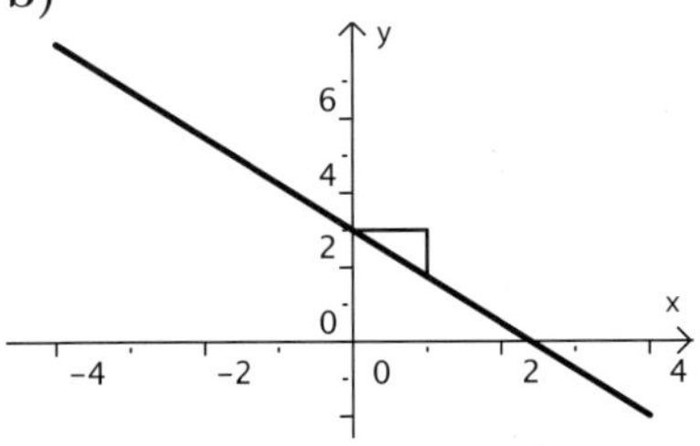

c)

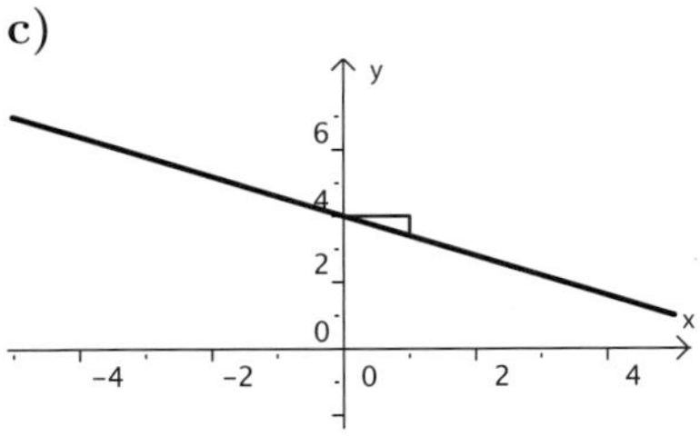

d)

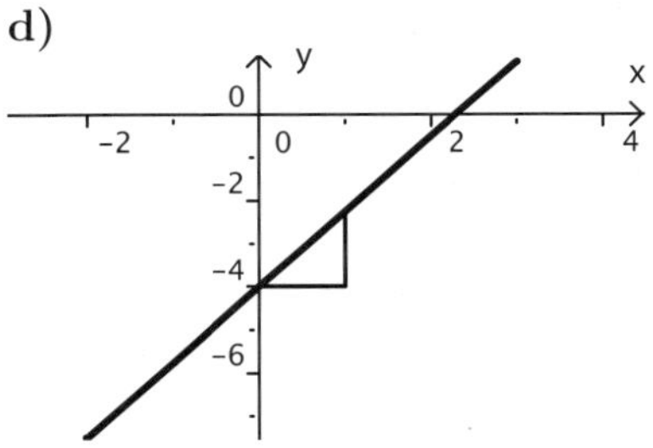

664 **a)** $k = 2$; $d = 1$ **b)** $k = -0,5$; $d = -1$
c) $k = -1$; $d = 1,5$

665 **a)** $y = -\frac{2}{3}x + 1,5$ **b)** $y = 0,75x - 1,25$
c) $y = -1,5x + 2,25$

666 **a)** $y = \frac{24}{5}x - 4$ **b)** $y = -\frac{3}{4}x - \frac{45}{4}$

c) $y = -\frac{1}{4}x + 7$

667 -

668 -

669 Die Funktion ist konstant. Der Funktionswert ist für alle Werte von x gleich. Der Funktionsgraph verläuft parallel zur x-Achse.

670 -

671 Im Buch ausgeführt.

672 **a)** x ... Alter in Wochen; y ... Masse in g;
$y = 280x + 3150$
b) d ... Geburtsgewicht; k ... wöchentliche Gewichtszunahme
c) Mit 10 Wochen hat Matthias laut linearem Modell 5950 g.
d) Laut linearem Modell erreicht Matthias nach 7 Wochen ein Gewicht von 5 kg.

673 Es sind unterschiedliche Antworten möglich, zB. 12 oder 14 Wochen.

674 **a)** x ... Zeitspanne in Jahren ab 2001;
y ... Anzahl der Unfälle
$y = -8,8x + 140$
Hinweis: Die Funktionsgleichung hängt von der Festlegung der Variablen x und y ab! d beschreibt die 2001 erhobene Anzahl von Unfällen. k gibt an um wie viele Unfälle pro Jahr weniger passiert sind.
b) Laut linearem Modell wurden 2004 114 Stromunfälle gemeldet.
c) Laut linearem Modell werden 2009 weniger als 70 Stromunfälle gemeldet.
d) Unterschiedliche Antworten sind möglich, zB. bis 2017.

675 **a)** x ... Temperatur in °C; y ... Temperatur in °F
$y = 1,8x + 32$
b) 5°F **c)** ca. -18°C

676 **a)** x ... Entfernung in km;
y ... Flächeninhalt in m^2
$y = 400x + 500$
b) Herr Moser kann laut linearem Modell mit einem 1700 m^2 großen Grundstück rechnen.
c) Laut linearem Modell wird das Grundstück 8,75 km vom Stadtzentrum entfernt sein.
d) Die Grundstücksgröße hängt auch von anderen Parametern ab.

677 **a)** x ... Zeitspanne in Jahren
y ... Holzbestand in m^3
$y = -3000x + 60000$
b)

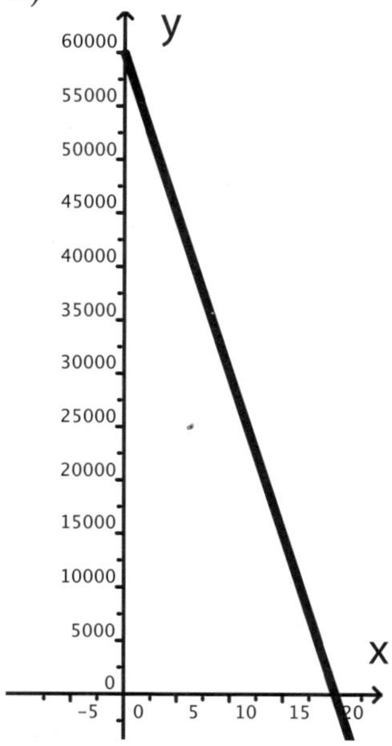

c) Laut linearem Modell ist der Holzbestand nach 12 Jahren 24000 m^3.
d) Laut linearem Modell wäre der Holzbestand nach 20 Jahren verschwunden.
e) Unterschiedliche Antworten sind möglich, zB. bis 20 Jahre.

678 **a)** x ... Anzahl der produzierten Vasen; y ... Preis einer Vase in €; $y = -0,1x + 95$
b)

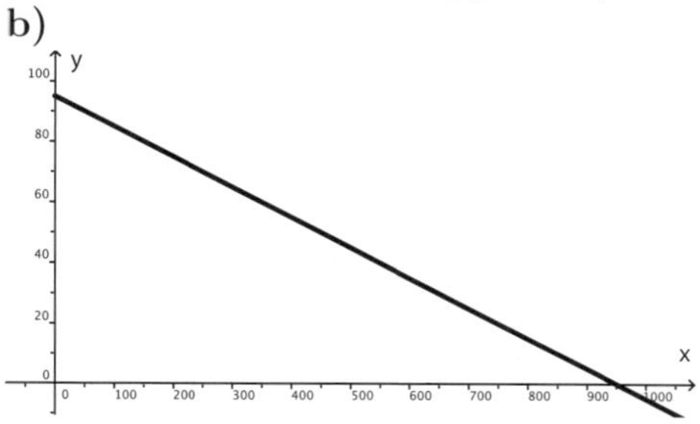

Das Modell liefert zumindest ab $x = 950$ falsche Ergebnisse.
c) 25 €

679 -

680 -

681 Im Buch ausgeführt.

682 Es gibt unendlich viele Punkte, die jeweils auf einer Geraden liegen.

a)

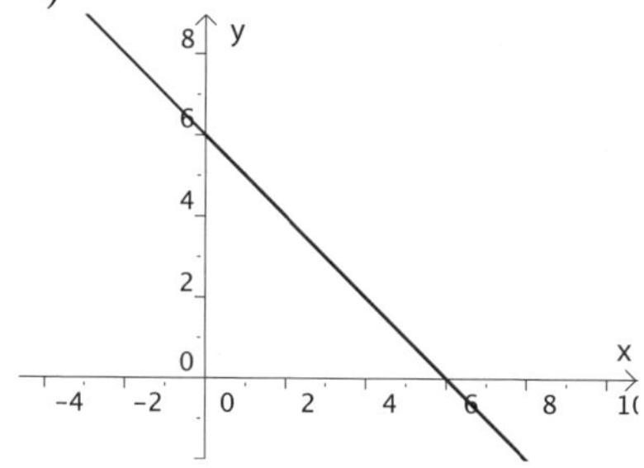

b)

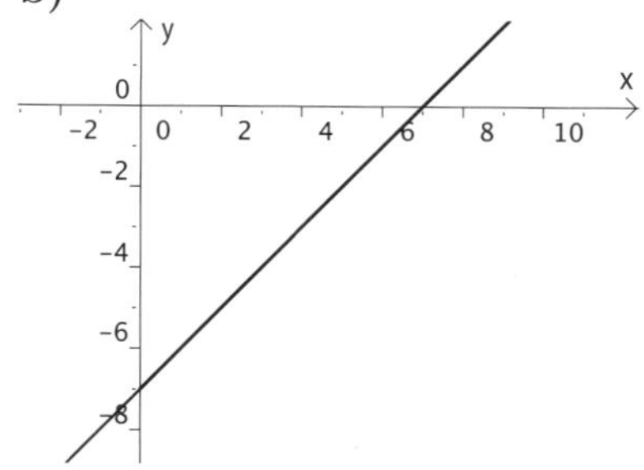

c)

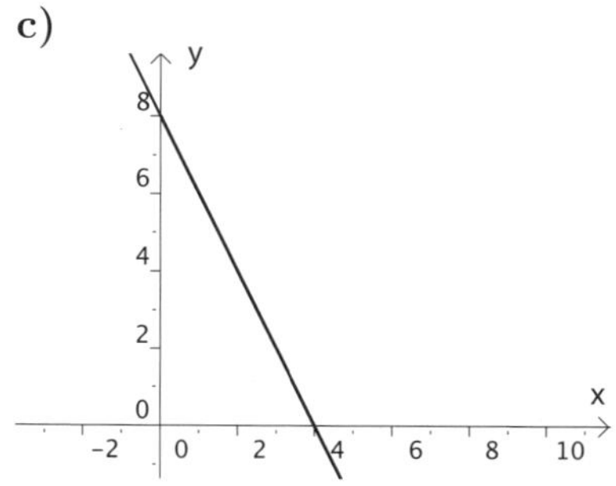

d)

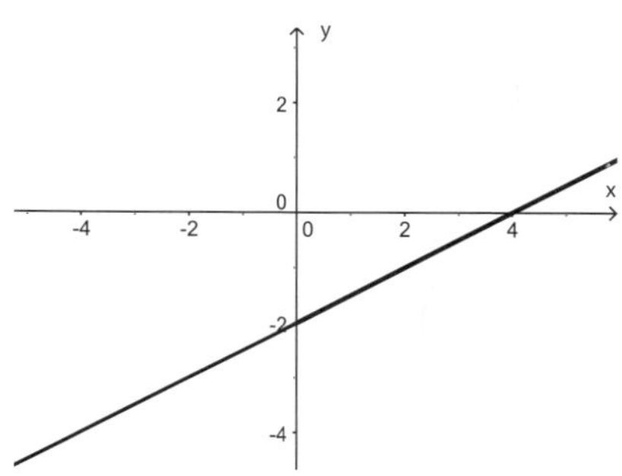

683 Es gibt unendlich viele Punkte, die jeweils auf einer Geraden liegen.

a)

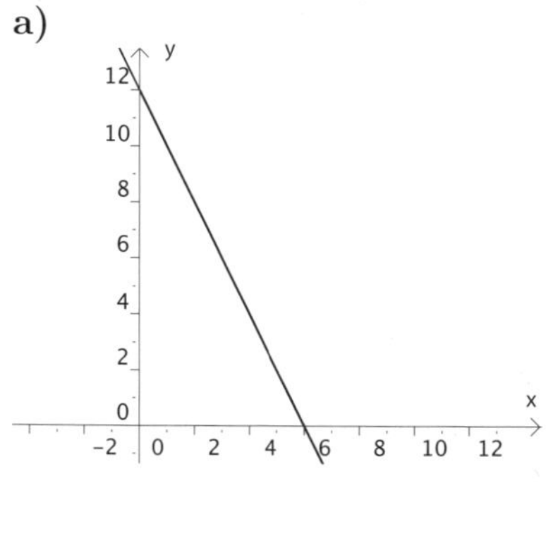

b)

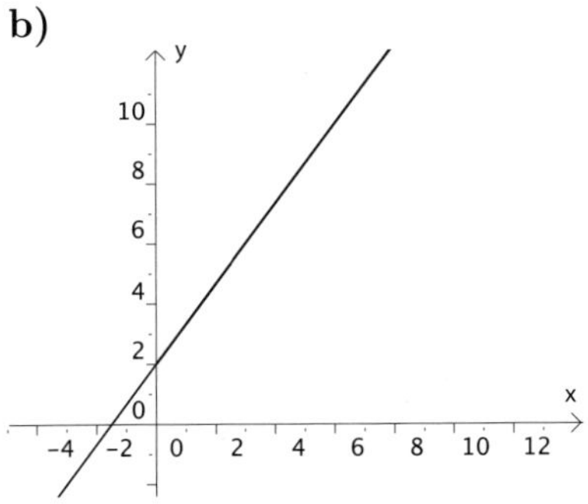

c)

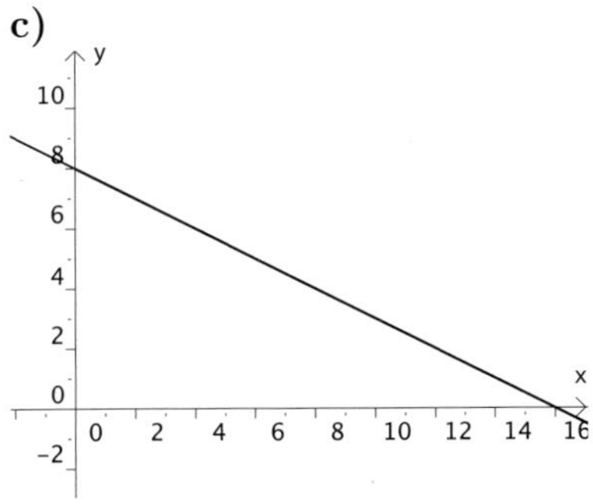

d)

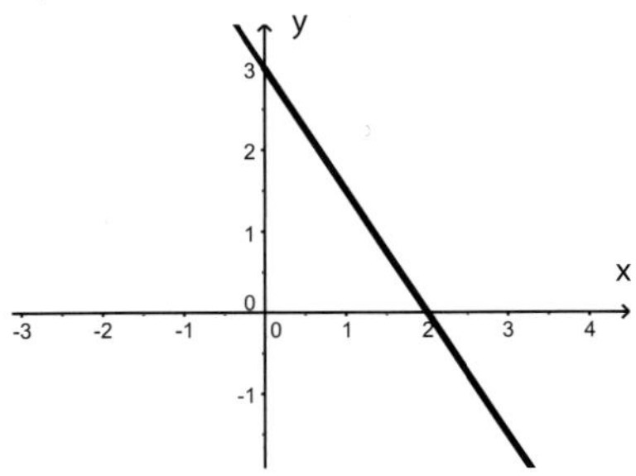

684 Es gibt unendlich viele Punkte, die jeweils auf einer Geraden liegen.

a)

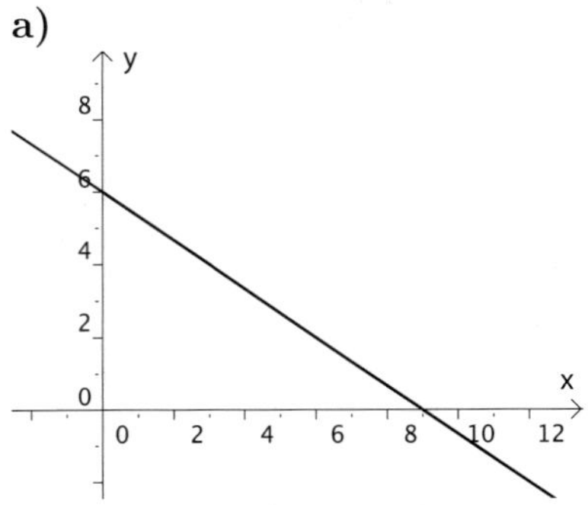

b)

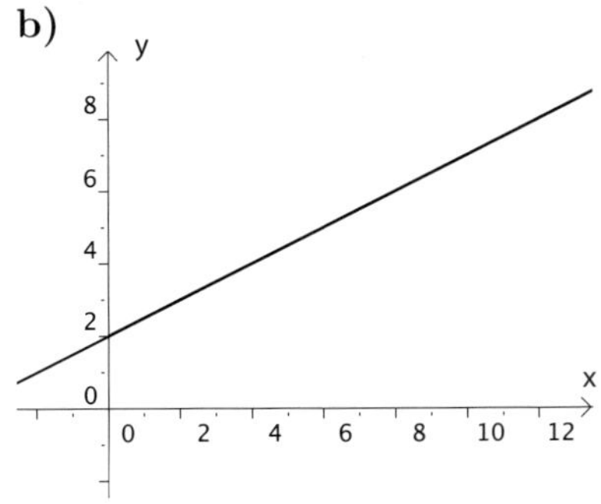

c)

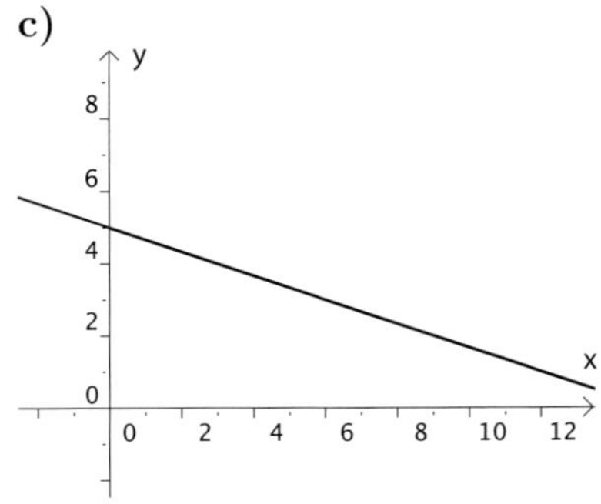

d)

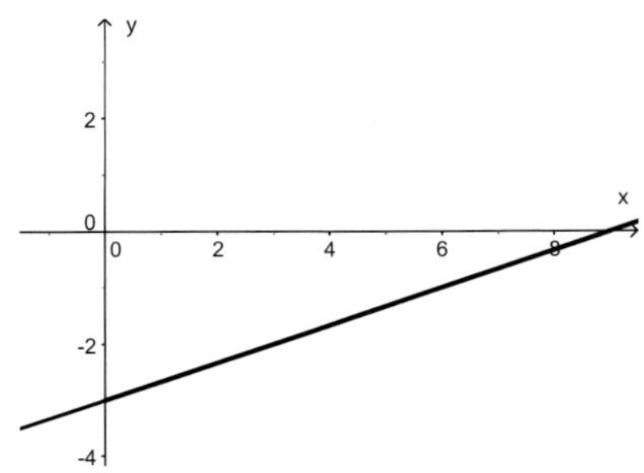

685 Es gibt unendlich viele Punkte, die jeweils auf einer Geraden liegen.

a)

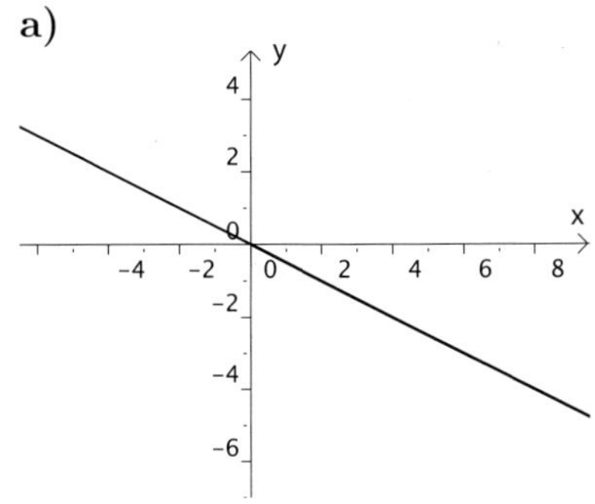

b)

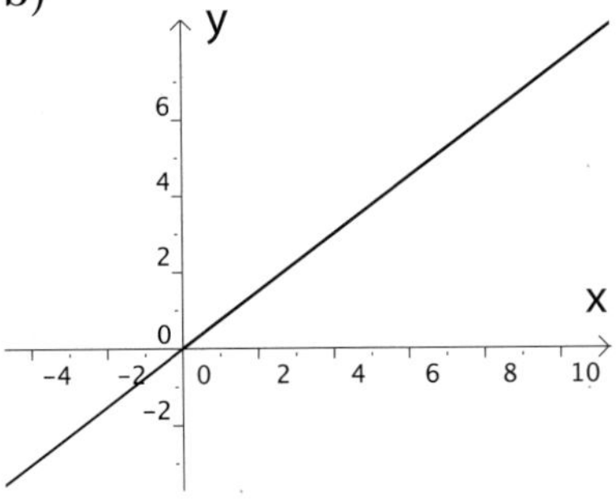

c)

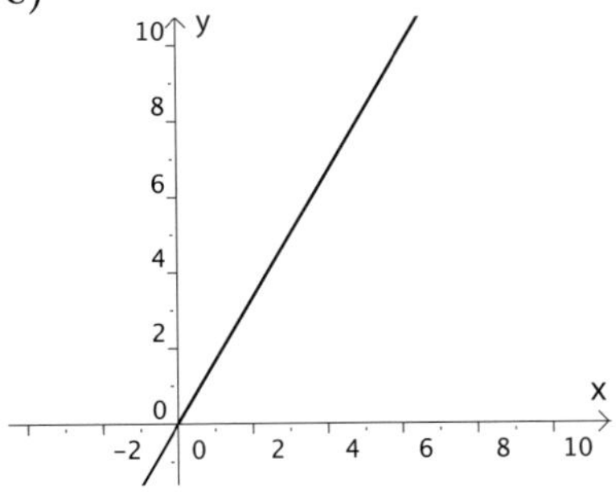

d)

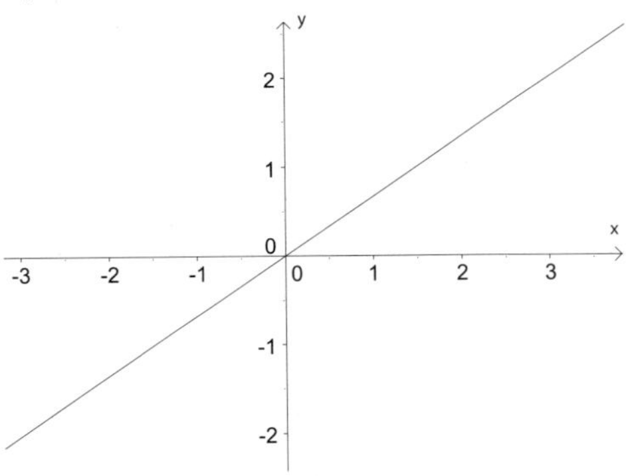

686 -

687 -

688

a)

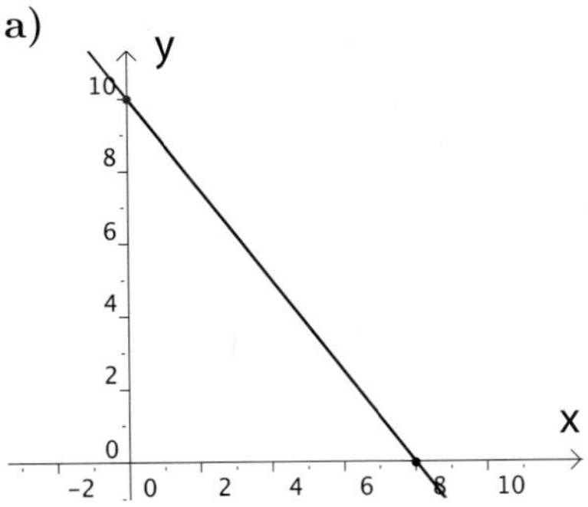

b)

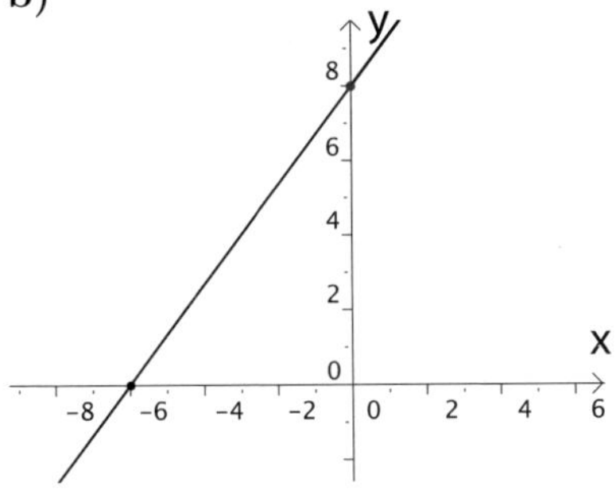

c)

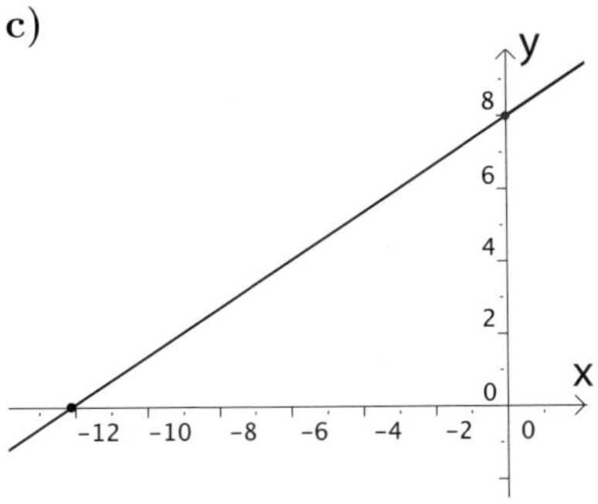

d)

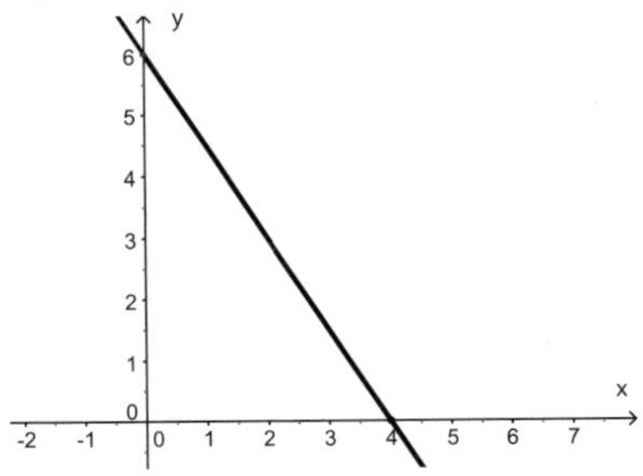

e)

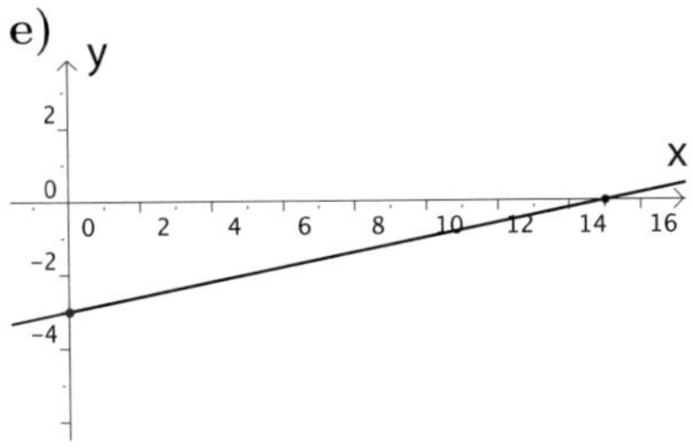

f)

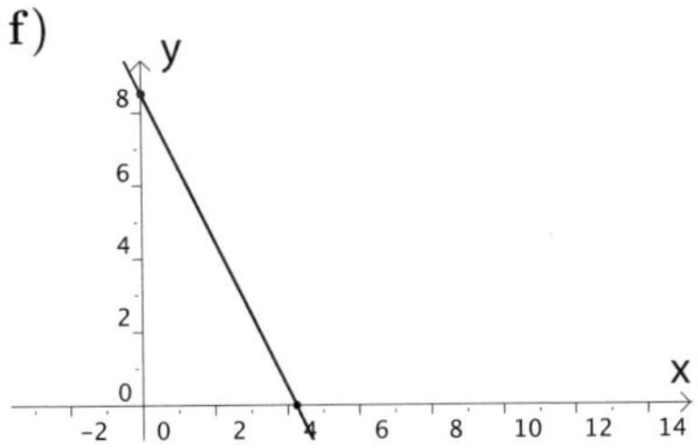

689

a)

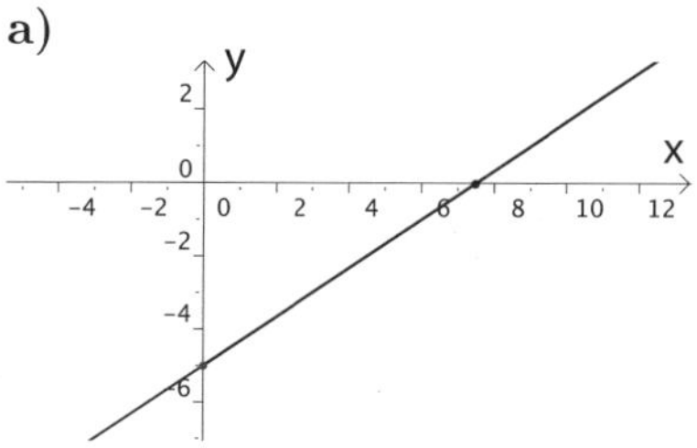

b)

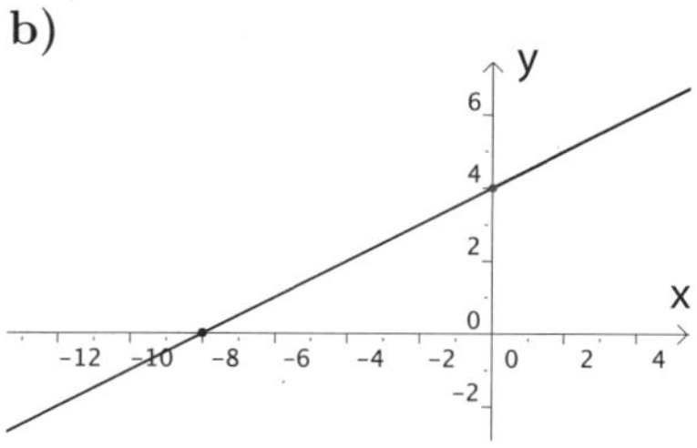

c)

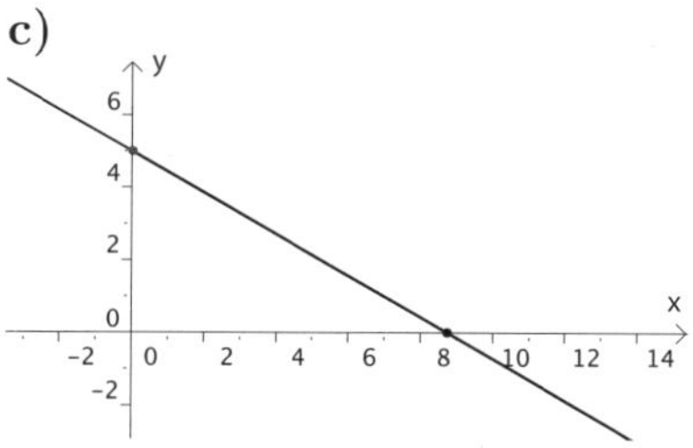

d)

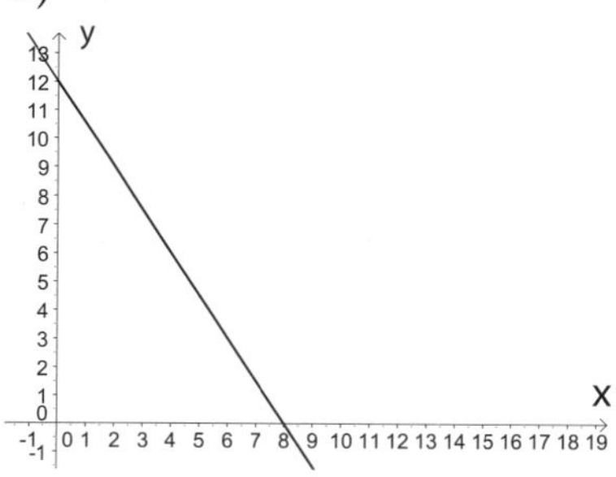

e)

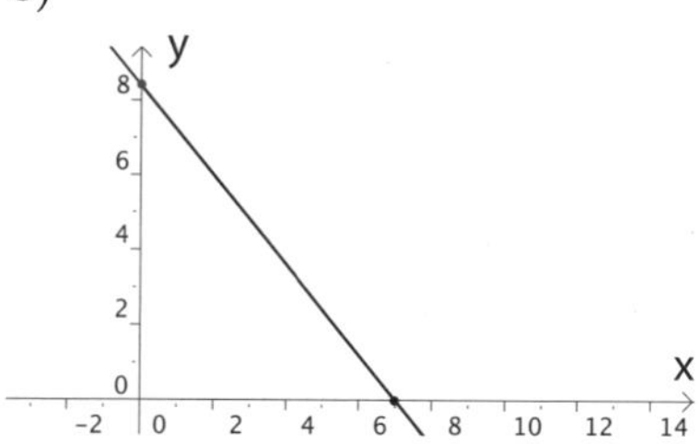

f)

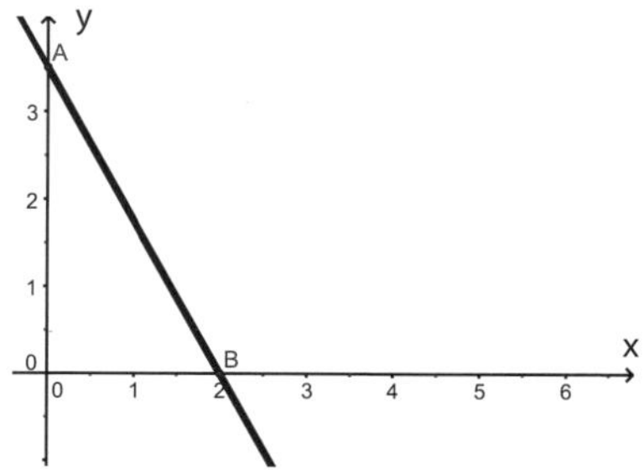

690 Die Lösungen liegen jeweils auf einer Geraden:

a)

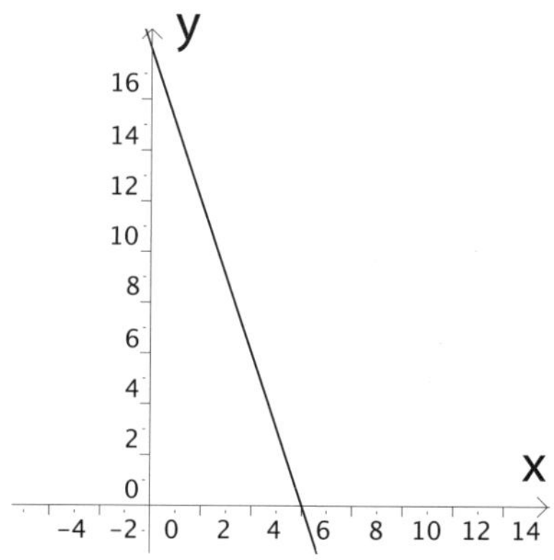

b)

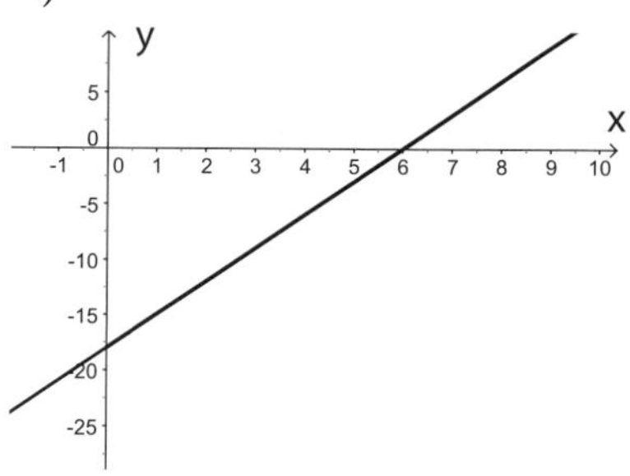

c)

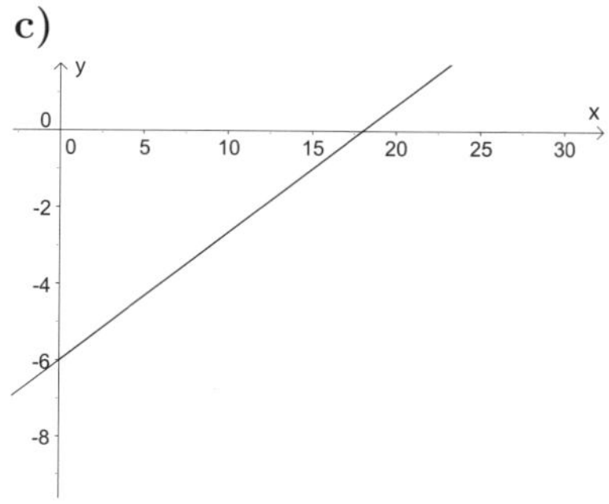

d)

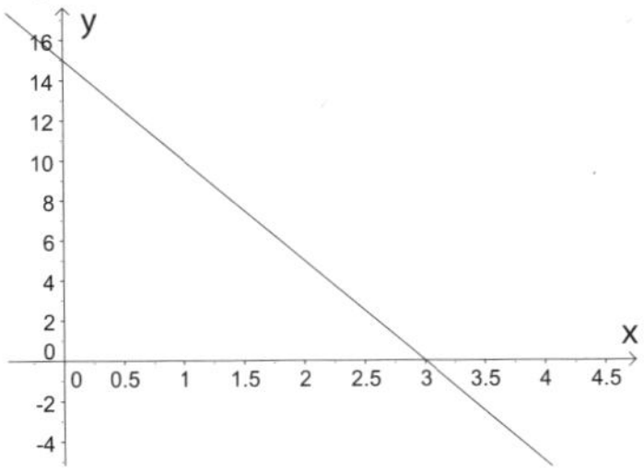

e)

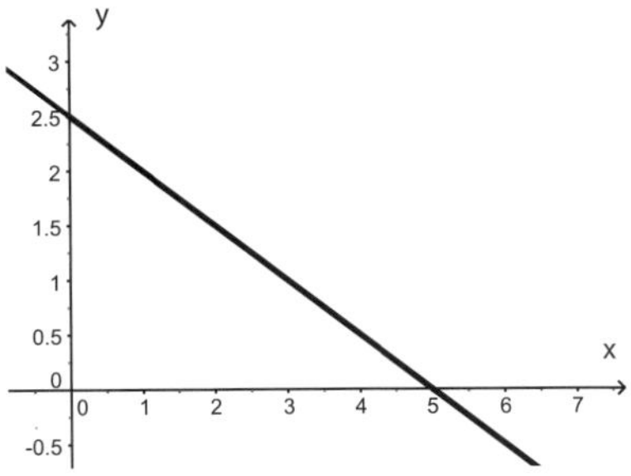

f)

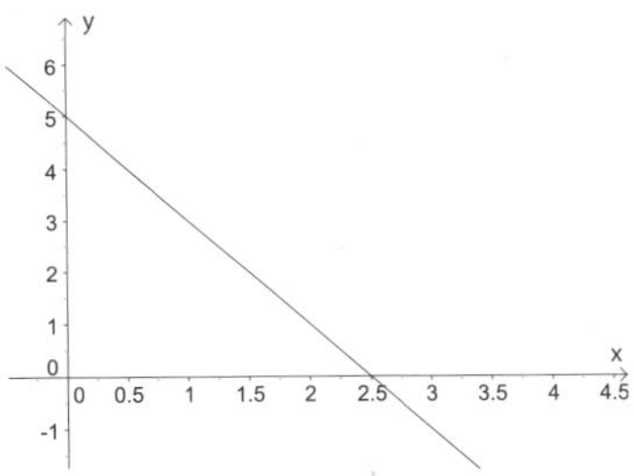

691 Die Lösungen liegen jeweils auf einer Geraden:

a)

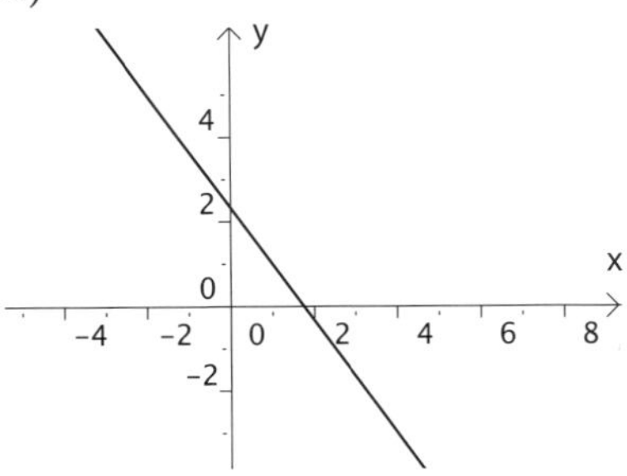

b)

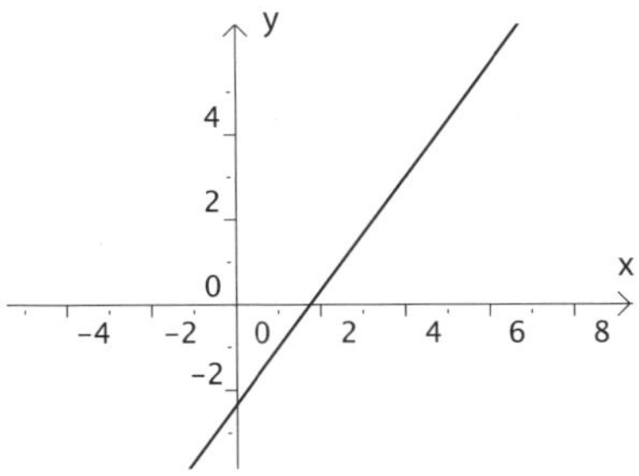

c)

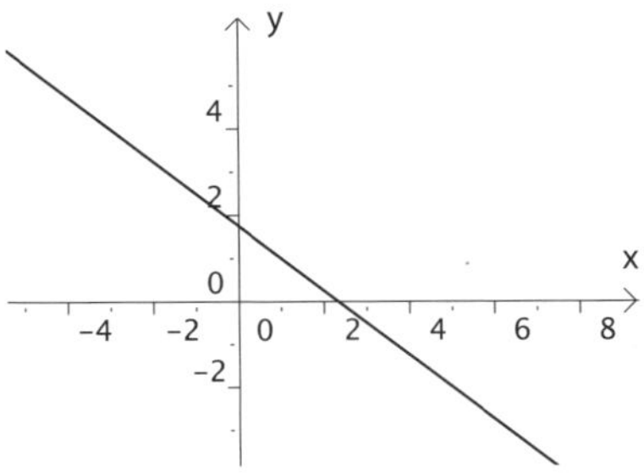

d)

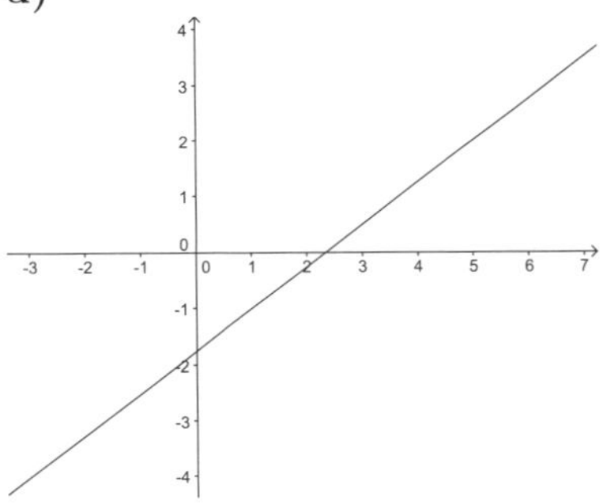

e)

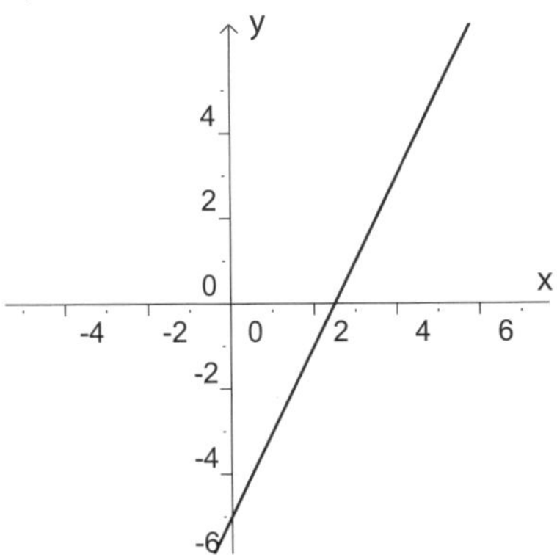

f)

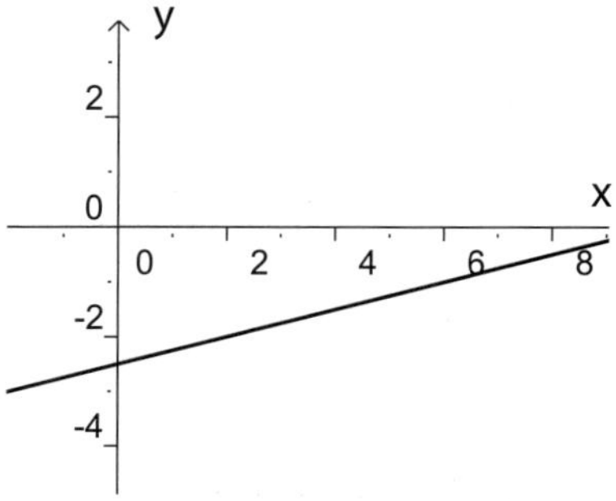

692 **a)** $k = -3$; $d = 18$ **b)** $k = 3$; $d = -18$
c) $k = \frac{1}{3}$; $d = -6$ **d)** $k = -5$; $d = 15$
e) $k = -\frac{1}{2}$; $d = 2,5$ **f)** $k = -2$; $d = 5$

693 **a)** $k = -\frac{4}{3}$; $d = \frac{7}{3}$ **b)** $k = \frac{4}{3}$; $d = -\frac{7}{3}$

c) $k = -\frac{3}{4}$; $d = \frac{7}{4}$ **d)** $k = \frac{3}{4}$; $d = -\frac{7}{4}$

e) $k = 2$; $d = -5$ **f)** $k = \frac{1}{4}$; $d = -\frac{10}{4}$

694 -

695 -

696 -

697 Im Buch ausgeführt.

698 Im Buch ausgeführt.

699 Die Lösung ist durch den Schnittpunkt der Geraden gegeben.

a)

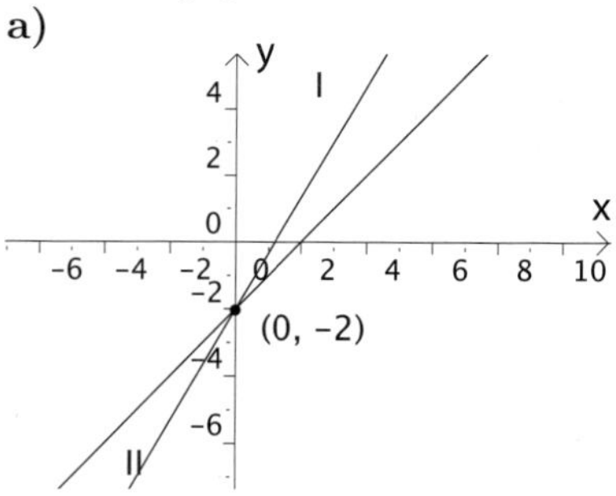

b)

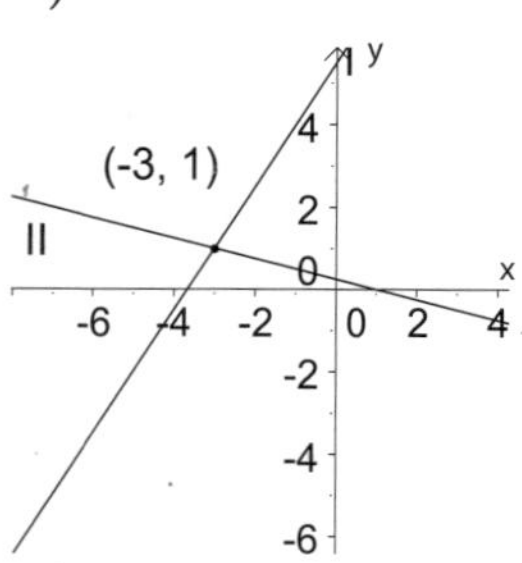

c)

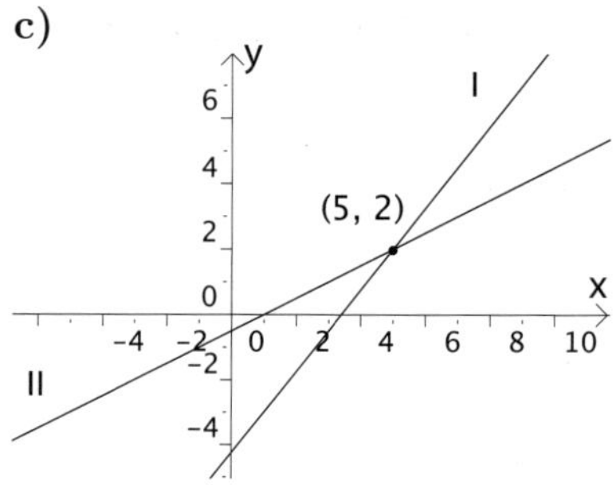

d)

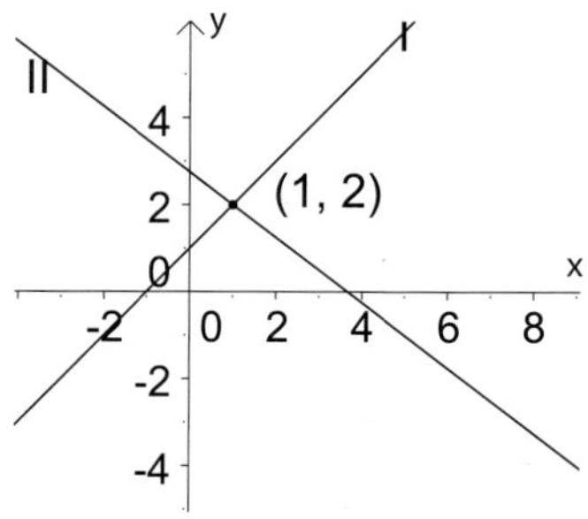

e)

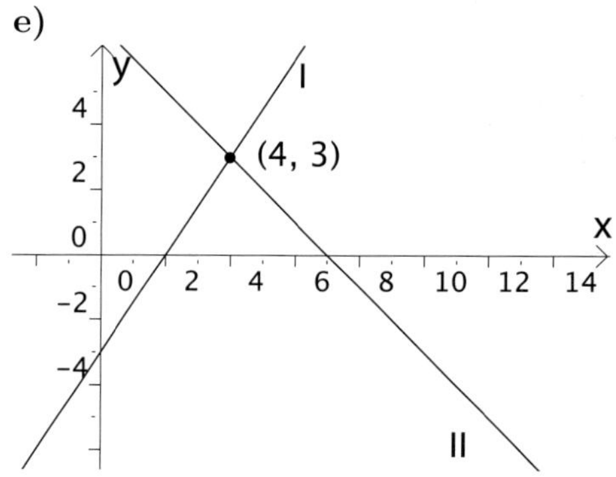

f)

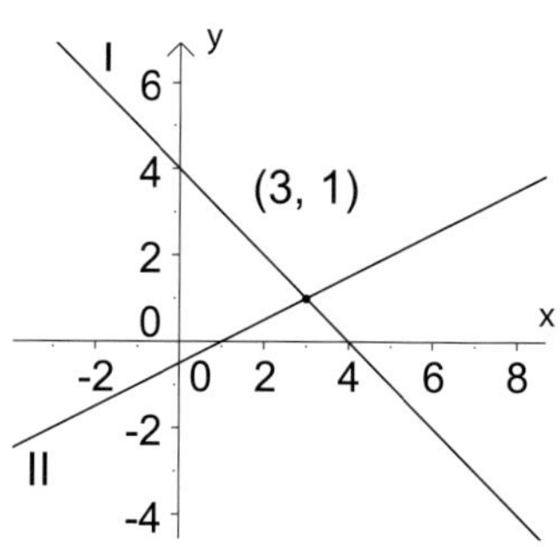

700 Die Lösung ist durch den Schnittpunkt der Geraden gegeben.

a)

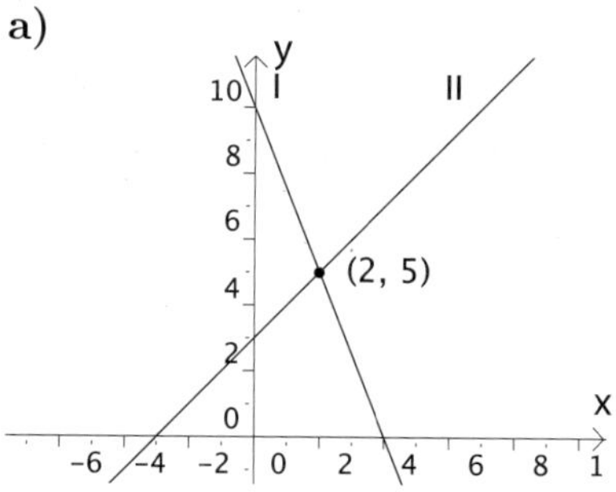

b)

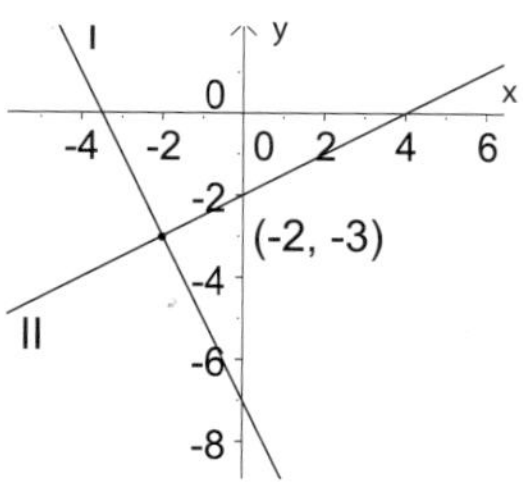

c)

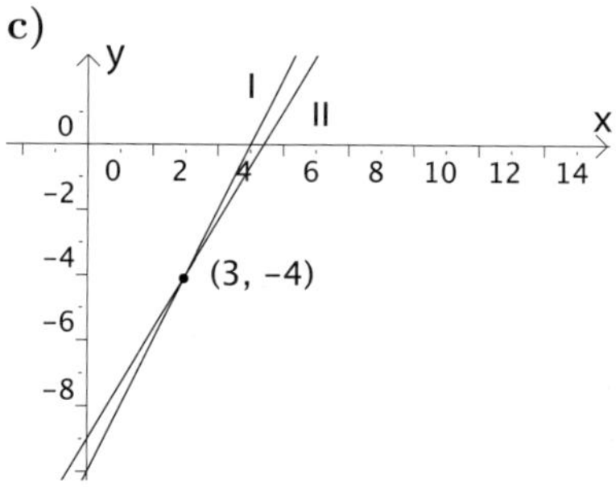

d)

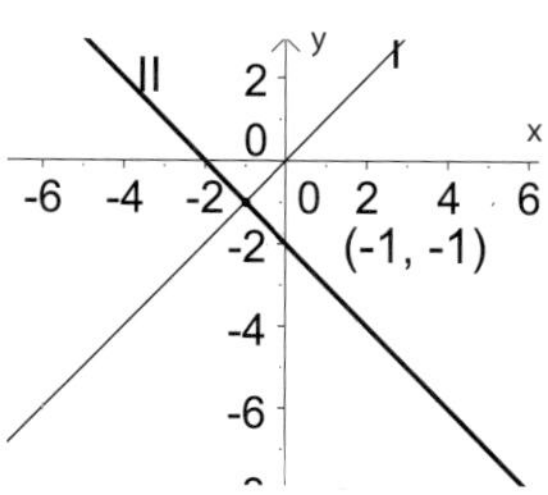

e)

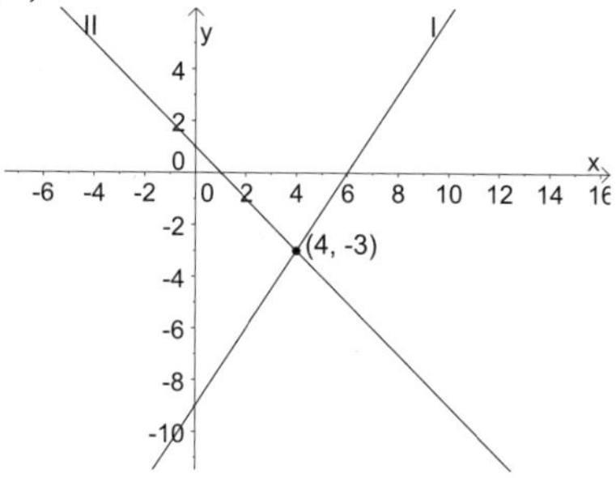

f)

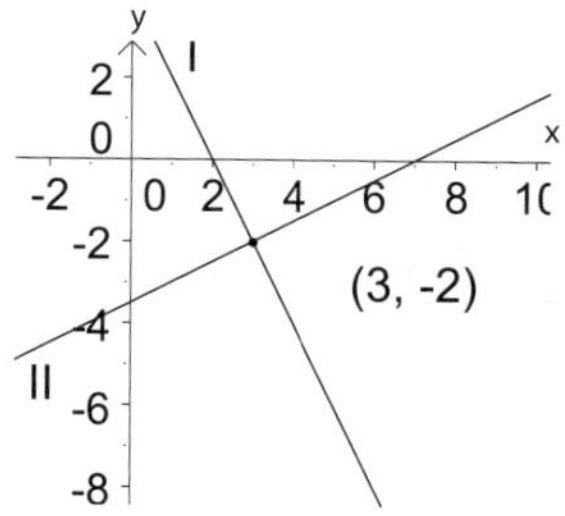

701 Die Lösung ist durch den Schnittpunkt der Geraden gegeben.

a)

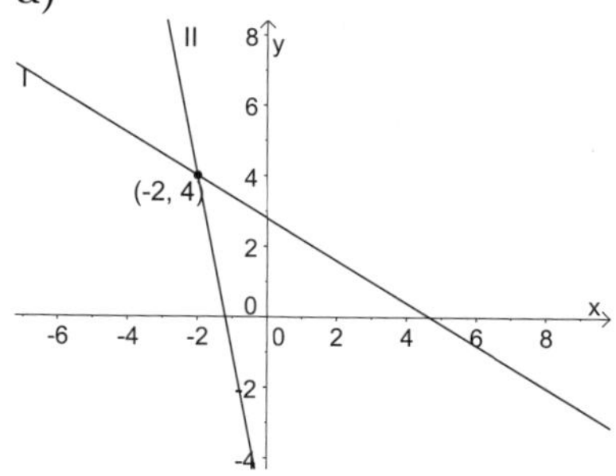

b)

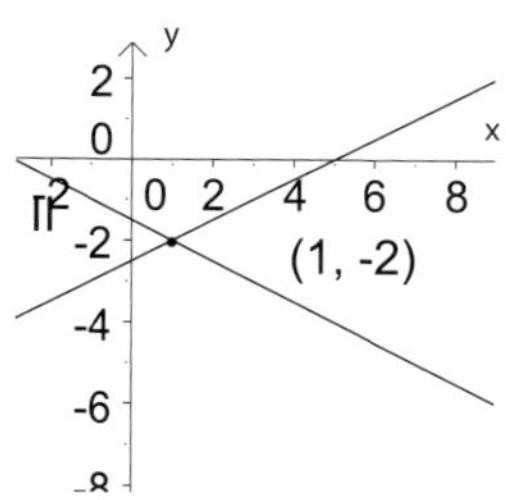

c)

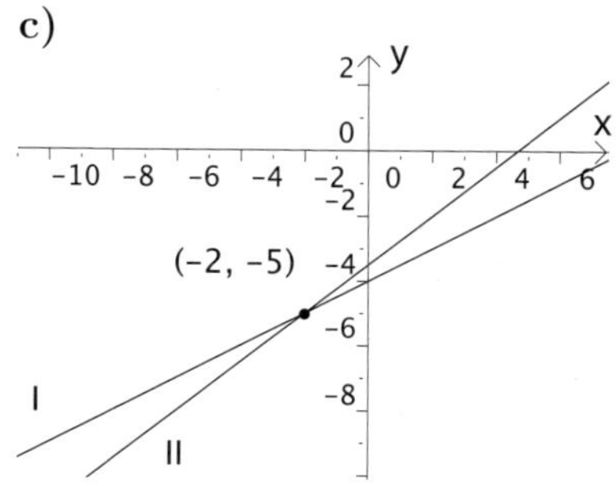

d)

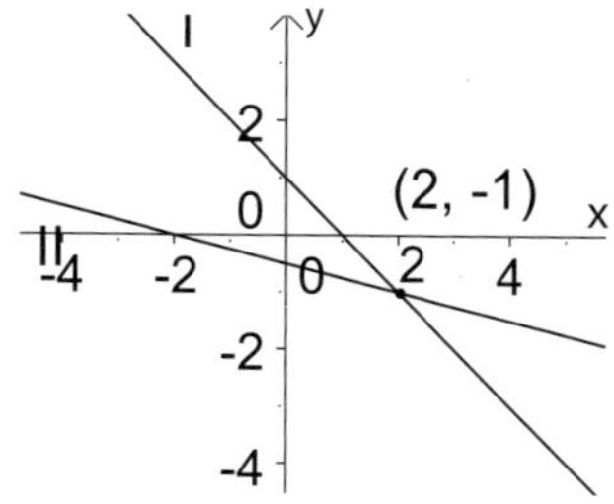

e)

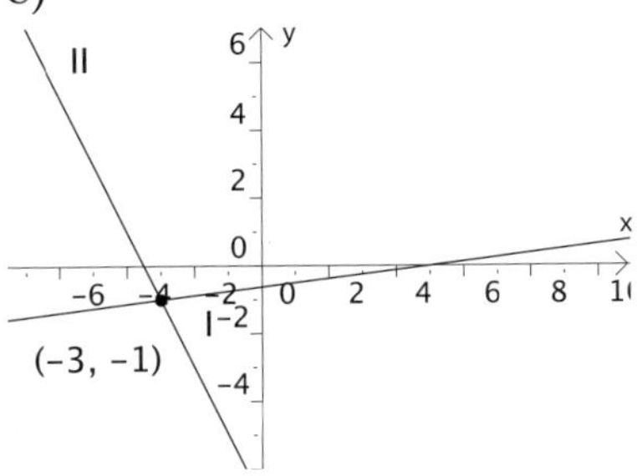

f)

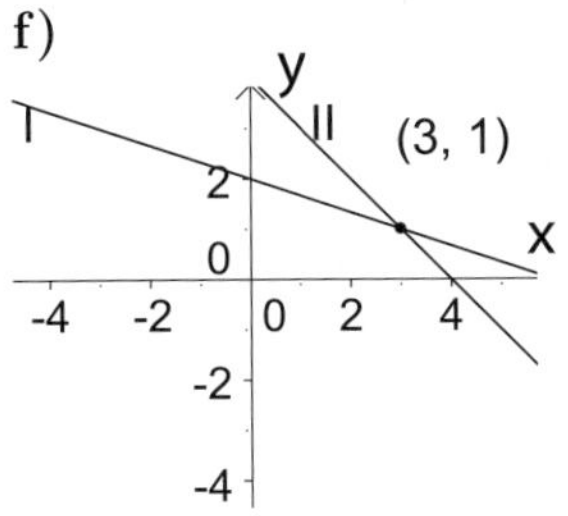

702 Der Lösungsfall ist jeweils abgegeben:

a) identisch:

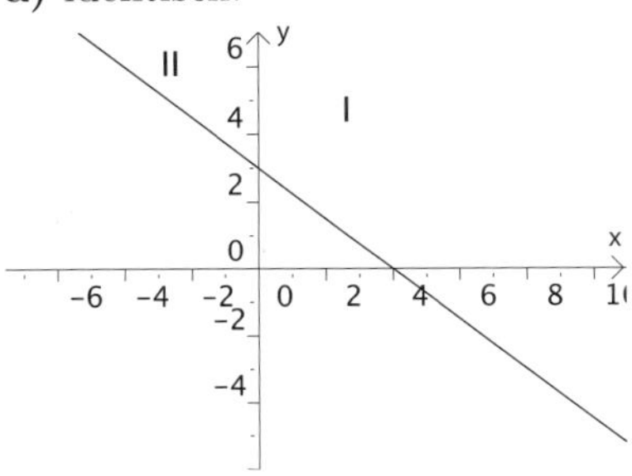

b) eindeutig:

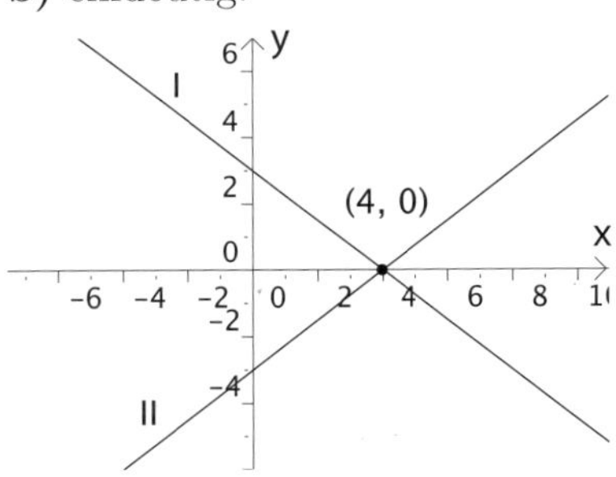

c) identisch:

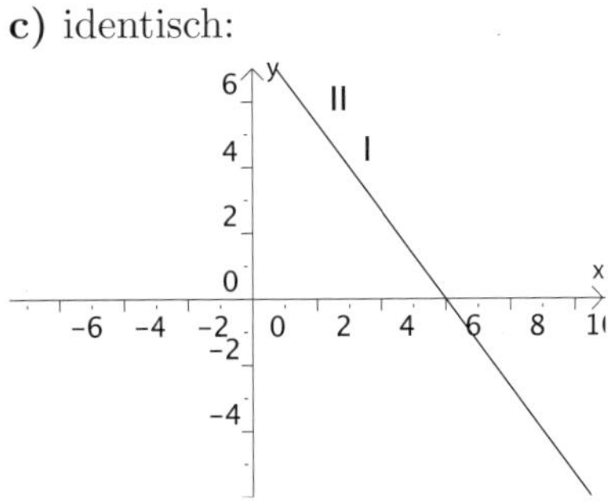

703 Der Lösungsfall ist jeweils abgegeben:

a) eindeutig:

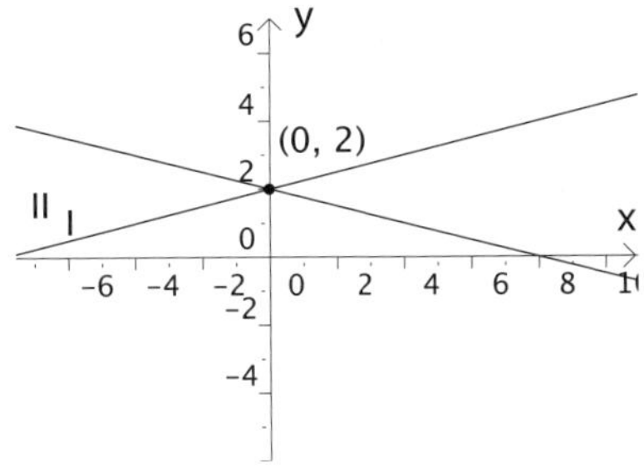

b) keine Lösung:

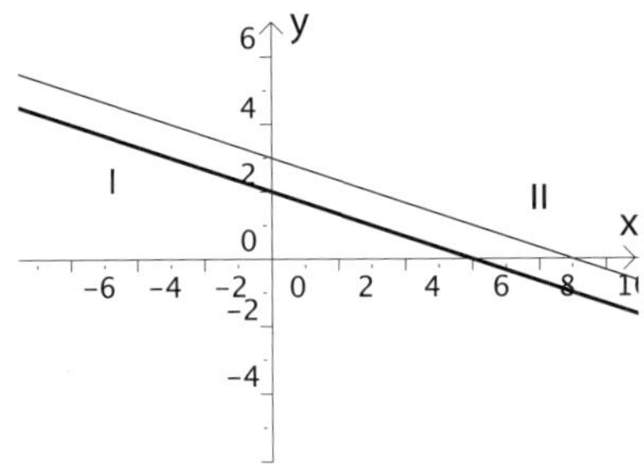

c) keine Lösung:

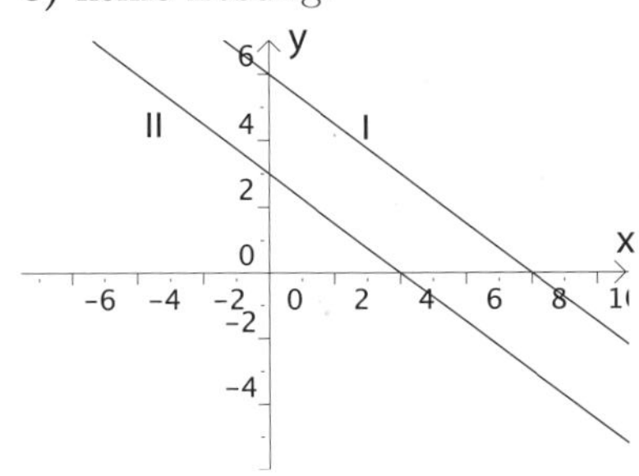

704 Astrid rechnet ungenau!

705 exakte Lösung: $x = -6$ und $y = 0$
ungenaue Lösung: $x \approx -7,14$ und $y \approx -0,14$
Die Geraden schneiden einander schleifend:

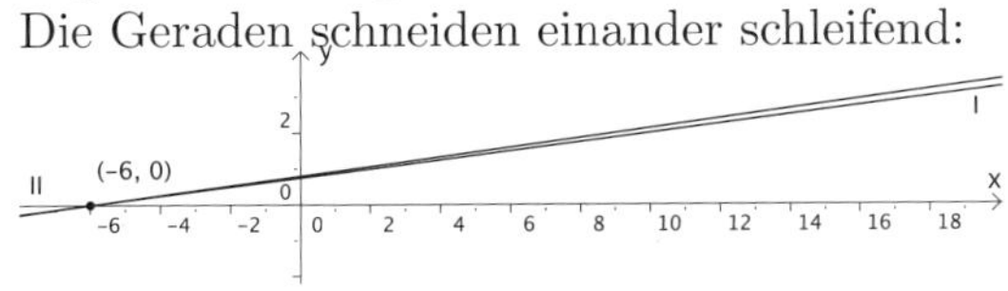

706 -

707 Unterschiedliche Antworten sind möglich, zB. müssen die Geraden unterschiedliche Steigung besitzen.

708 Im Buch ausgeführt.

709 Der Scheitel und die Nullstellen sind angegeben:

a)

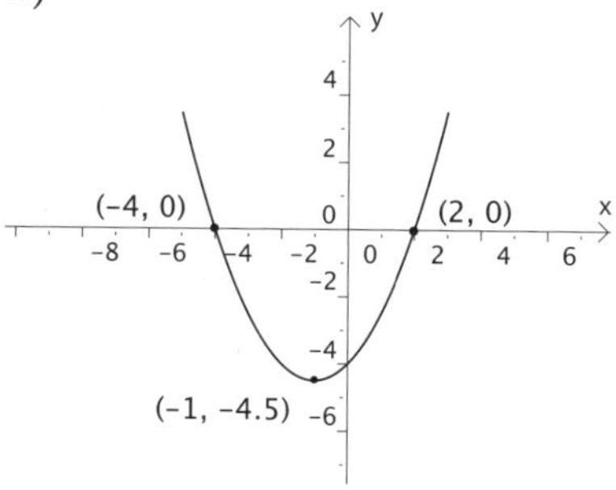

b)

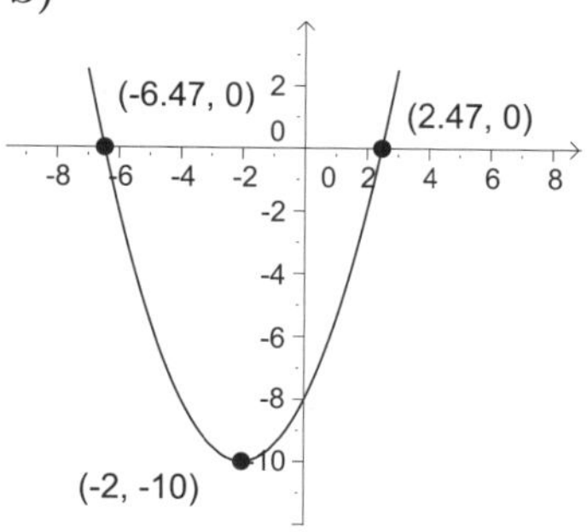

c)

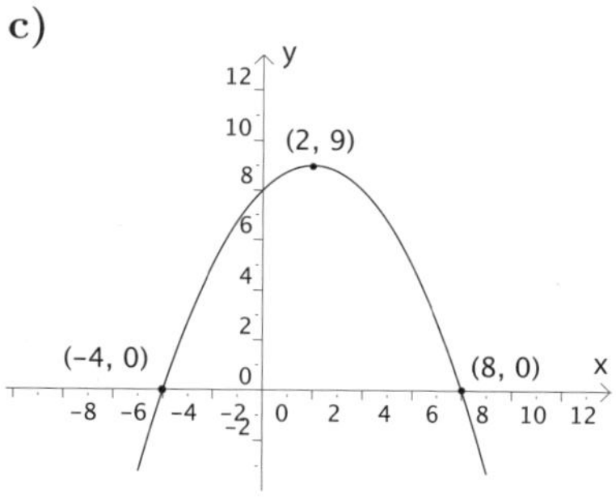

d)

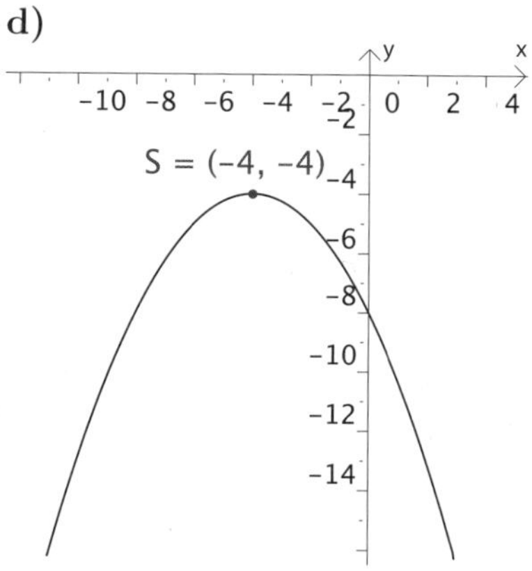

710 Der Scheitel und die Nullstellen sind angegeben:

a)

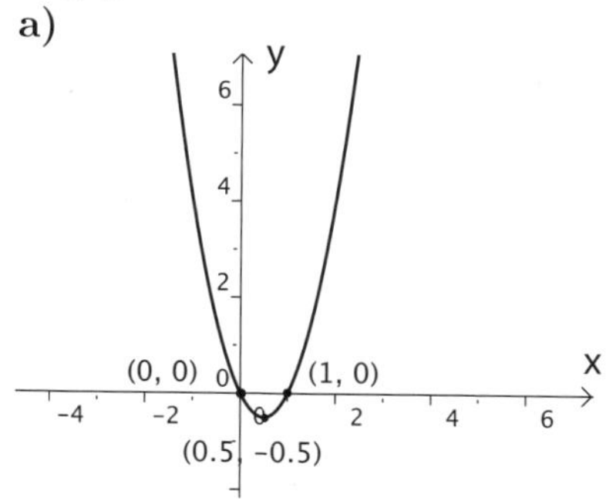

b)

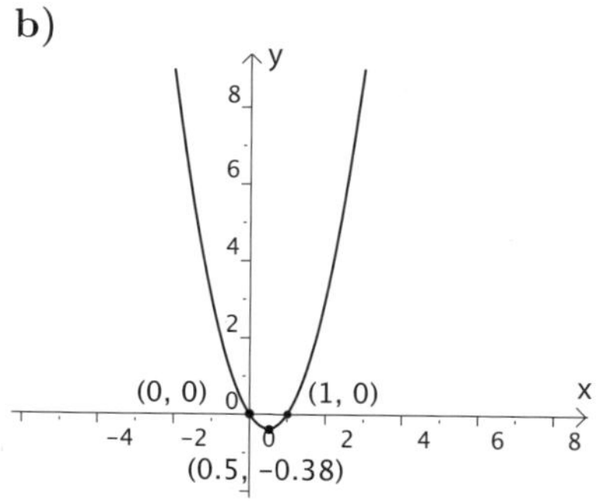

c)

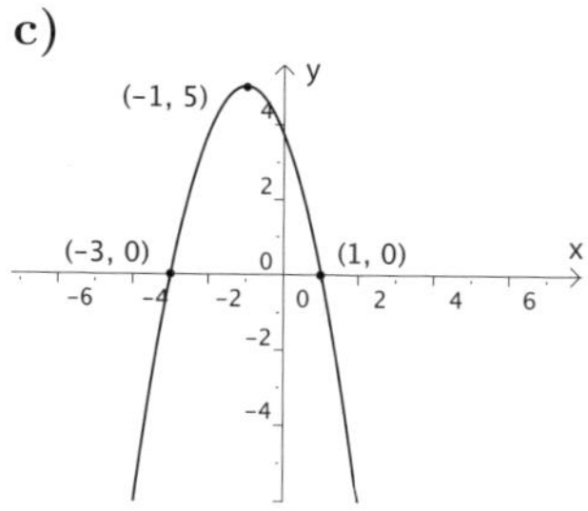

d)

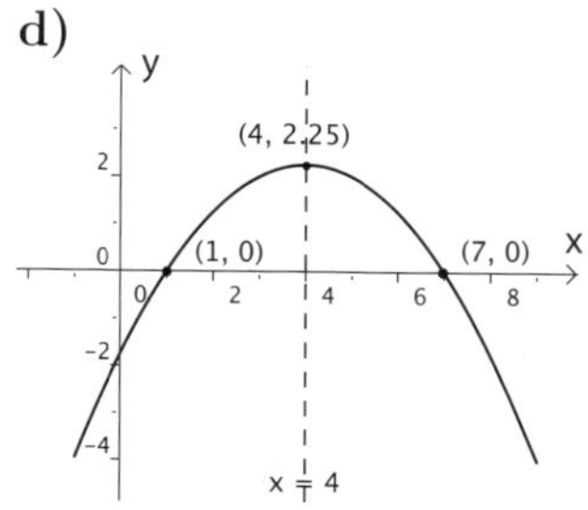

711 **a)** S(1/-4); N_1(-1/0); N_2(3/0)
b) S(2/4,5); N_1(-1/0); N_2(5/0)
c) S(1/6,25); N_1(-4/0); N_2(6/0)
d) S(1/-4); N_1(5/0); N_2(-3/0)

712 -

713 -

714 -

715 Verschiedene Antworten sind möglich, zB. der prozentuelle Rundungsfehler ist umso kleiner, je größer der Betrag von x ist.

716 -

717 -

718 Im Buch ausgeführt.

719 **a)** H(2/20) **b)** T(-1/-8)
c) T(-10/-10) **d)** H(5/-5)

720 Der Scheitel ist in der Grafik angegeben:
a)

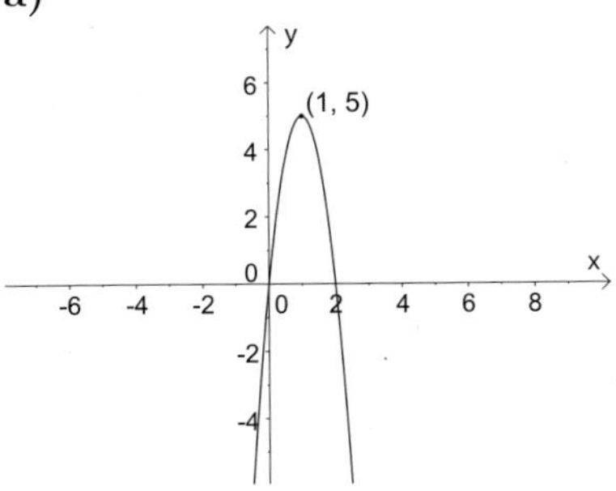

b)

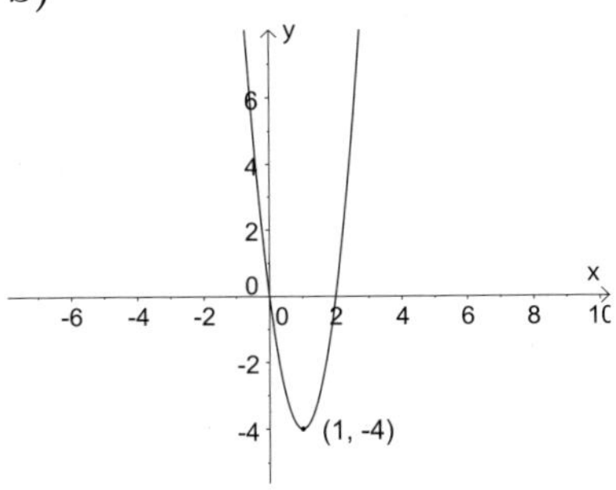

c)

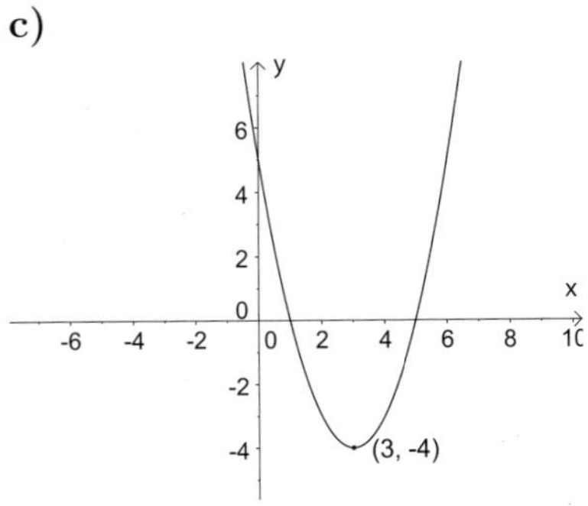

d)

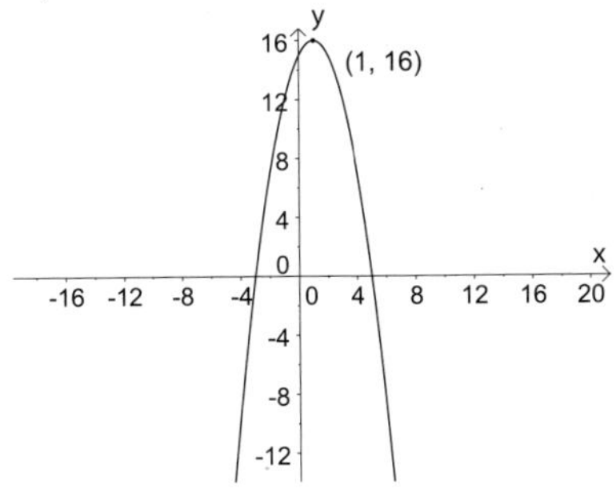

721 **a)** S(-1/-9); x = -1
b) S(-1/5); x = -1
c) S(1/-7,2); x = 1
d) S(0/-9); x = 0

722 -

723 -

724 **a)** T(-1/-4,5), daher hat die Funktion zwei Nullstellen.
b) H(2/-6), daher hat die Funktion keine Nullstellen.
c) H(2/-7), daher hat die Funktion keine Nullstellen.
d) T(-2/-9), daher hat die Funktion zwei Nullstellen.

725 -

726 -

727 -

728 -

729 S_{f_1} = (-2 | -16) S_{f_2} = (-3 | -16)
S_{f_3} = (-4 | -16) S_{f_4} = (-1 | -16)
S_{f_5} = (0 | -16)

730 -

731 Im Buch ausgeführt.

732 Im Buch ausgeführt.

733 Im Buch ausgeführt.

734 Der Scheitel und die Nullstellen sind angegeben:

a)

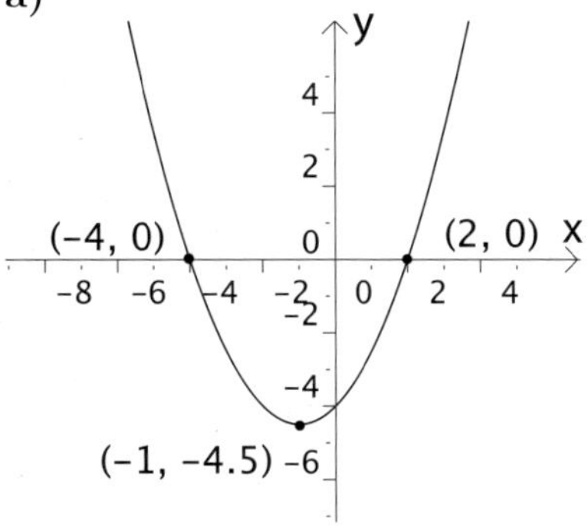

b)

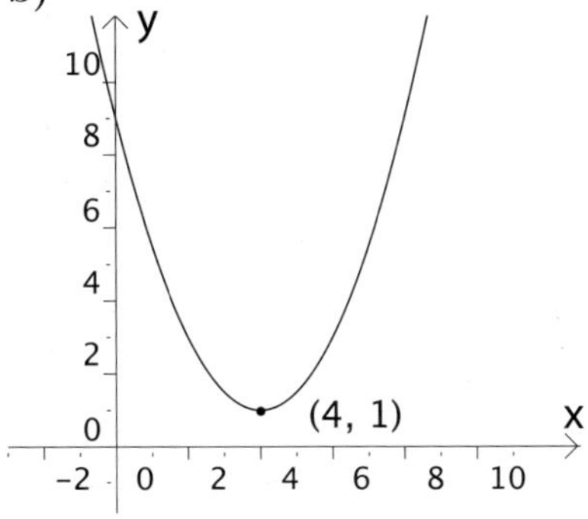

c)

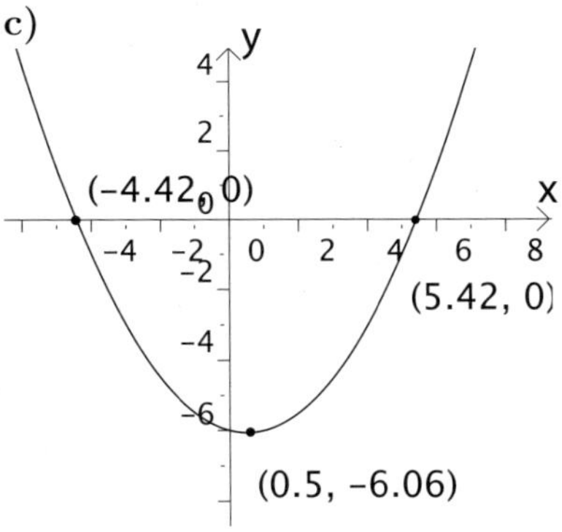

d)

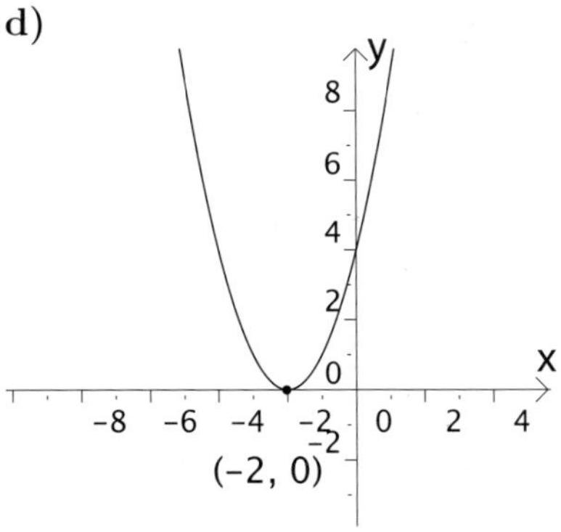

735 Der Scheitel und die Nullstellen sind angegeben:

a)

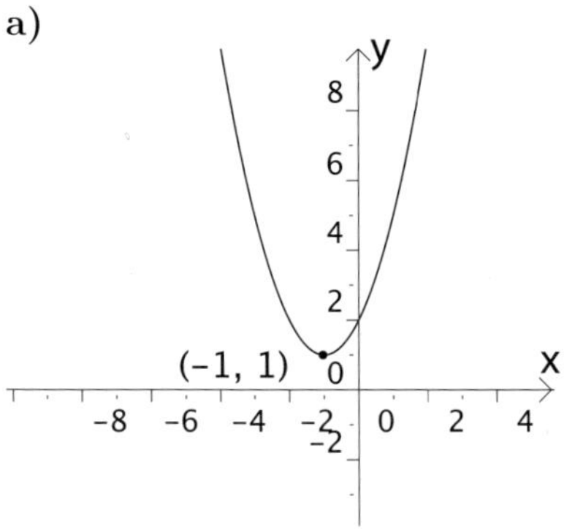

b)

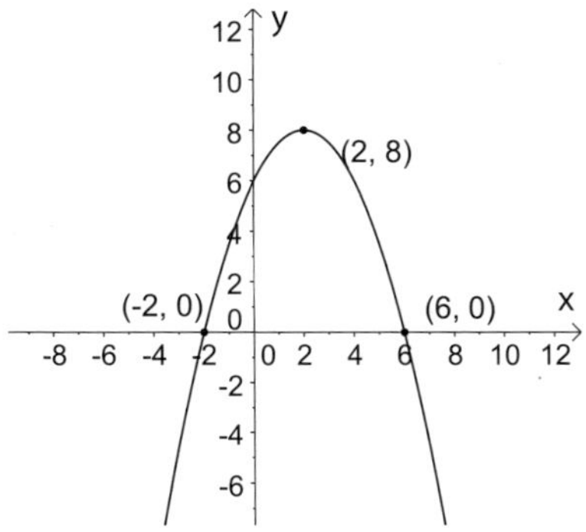

c)

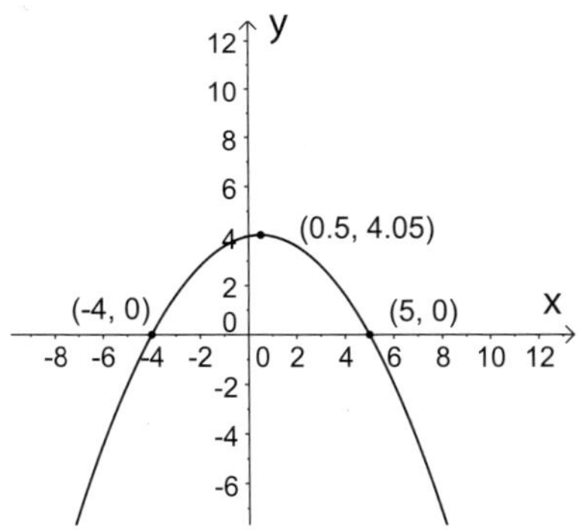

d)

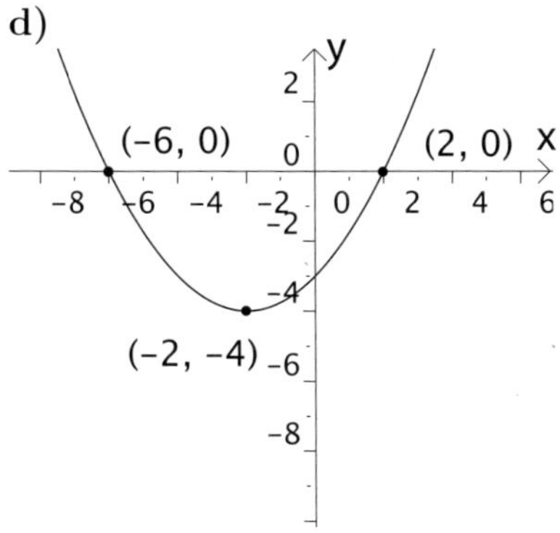

736 Berndt hat dann Recht, wenn man annimmt, dass $a = 1$ gilt.

737 -

738 -

739 -

740 f_1 hat die Nullstellen N_1(-2/0) und N_2(2/0); f_2 hat keine Nullstellen.
Die Funktionsgraphen sind nach unten bzw. nach oben verschoben.
f_1: 4 Einheiten nach unten.
f_2: 1 Einheit nach oben.

741 Die Funktionsgraphen sind nach links bzw. nach rechts verschoben:
f_3: eine Einheit nach links.
f_4: 3 Einheiten nach rechts.

742 f_5 ist 1 Einheit nach links und 4 Einheiten nach unten verschoben.
f_6 ist 3 Einheiten nach rechts und 1 Einheit nach oben verschoben.

743 **a)** $y = (x-3)^2 + 2$
b) $y = (x+2)^2 - 3$
c) $y = (x-4)^2 - 4$

744 Im Buch ausgeführt.

745 Im Buch ausgeführt.

746 Im Buch ausgeführt.

747 **a)** x ... Alter in Jahren ($x = 1 \Leftrightarrow$ 1.Jahr);
y ... Jahresumsatz in Mio. €; $y = \frac{8}{15}x^2 - \frac{10}{3}x + \frac{64}{5}$
Hinweis: Die Funktionsgleichung hängt von der Festlegung der beiden Variablen ab.
b)

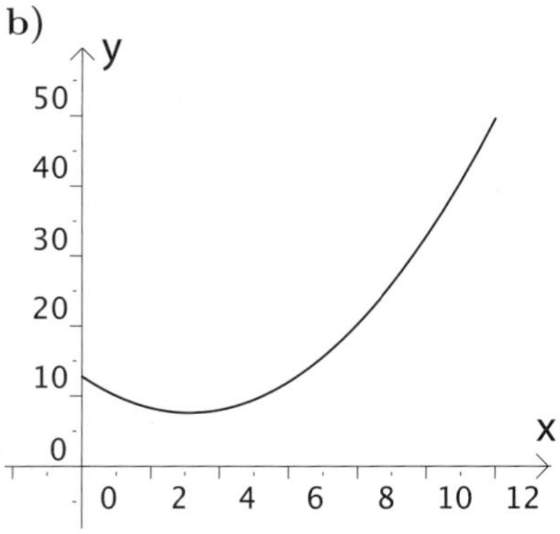

Verschiedene Antworten sind möglich, zB. Das Modell liefert für die ersten 10 Firmenjahre gute Ergebnisse, danach wird der Umsatz weniger stark zunehmen.
c) Im 3. Jahr ist der Umsatz laut quadratischem Modell am geringsten.

748 **a)** x ... Geschwindigkeit in km/h;
y ... Benzinverbrauch in km/h;
$y = 0,0004x^2 - 0,04x + 4$
Hinweis: Die Funktionsgleichung hängt von der Festlegung der beiden Variablen ab.
b) Bei 50 km/h ist der Benzinverbrauch laut quadratischem Modell minimal.
c) Laut quadratischem Modell ist der Benzinverbrauch bei 110 km/h um ca. 20% niedriger als bei 130 km/h.

749 **a)** x ... Preis eines Müsli-Riegels in Cent;
y ... Jahresgewinn in Millionen €.
$y = -0,005x^2 + 0,6x - 4$
Hinweis: Die Funktionsgleichung hängt von der Festlegung der beiden Variablen ab.
b)

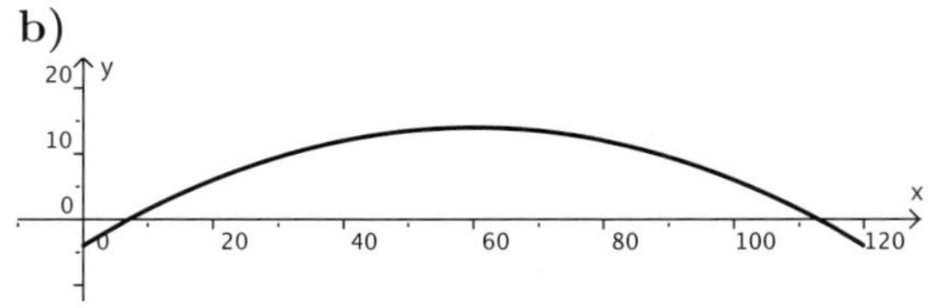

c) Laut quadratischem Modell führt ein Preis von 60 Cent zum höchsten Jahresgewinn.
d) Laut quadratischem Modell führen Preise zwischen 8 Cent und 112 Cent zu einem Gewinn der Firma.

750 **a)** x ... Preis eines T-Shirts in €;
y ... Jahresgewinn in Millionen €;
$y = -0,2x^2 + 2,6x - 4,2$
Hinweis: Die Funktionsgleichung hängt von der Festlegung der beiden Variablen ab.
b) Die x-Koordinate des Scheitels gibt jenen Preis eines T-Shirts an, bei dem der Jahresgewinn der Firma maximal ist.
c)

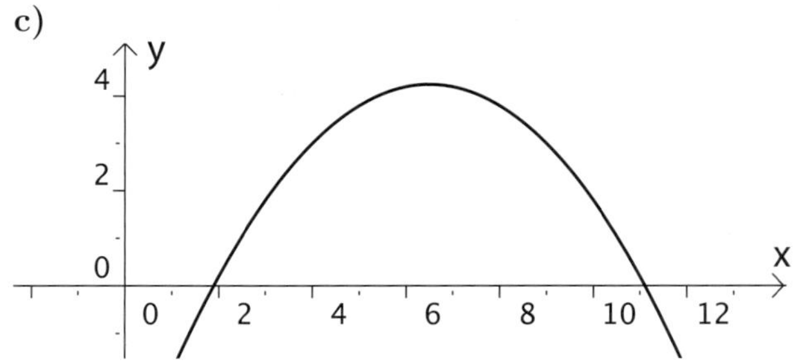

Verschiedene Antworten sind möglich, zB. das quadratische Modell ist auf jeden Fall nur für positive x-Werte gültig.

751 **a)** x ... Zeit in s; y ... Höhe in m;
$y = -5x^2 + 9x + 2$
Hinweis: Die Funktionsgleichung hängt von der Festlegung der beiden Variablen ab.
b)

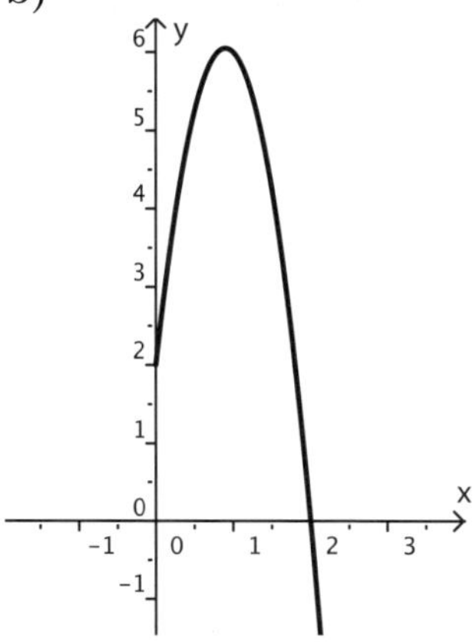

Der Stein wurde aus 2 m Höhe geworfen.
c) Laut quadratischem Modell erreicht der Stein nach 0,9 Sekunden eine maximale Höhe von 6,05 m.
d) Laut quadratischem Modell trifft der Stein nach 2 Sekunden auf dem Boden auf.

752 -

753 Im Buch ausgeführt

754 Für alle Funktionen gilt: $D_f = \mathbb{R}\backslash\{0\}$ und $as: \ x = 0 \quad (= y\text{-Achse})$

a)

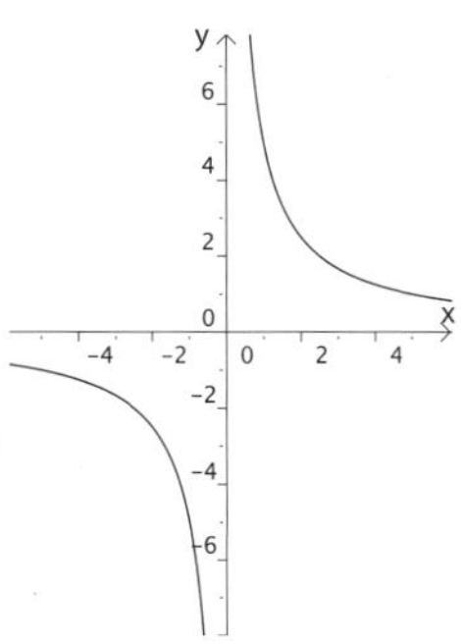

b)

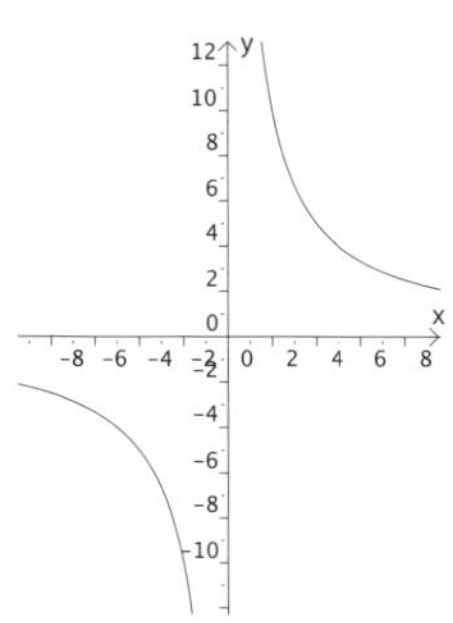

c)

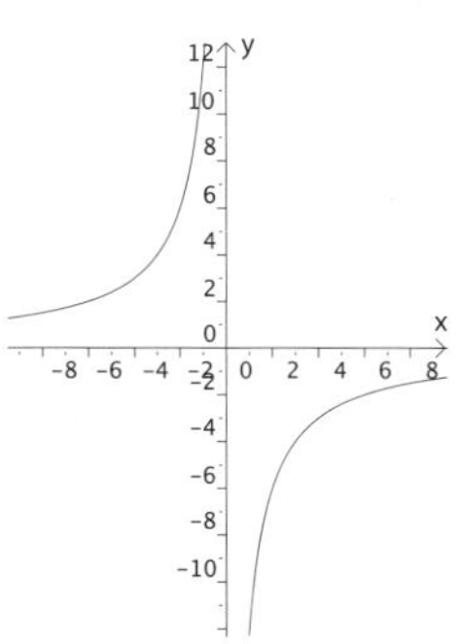

d)

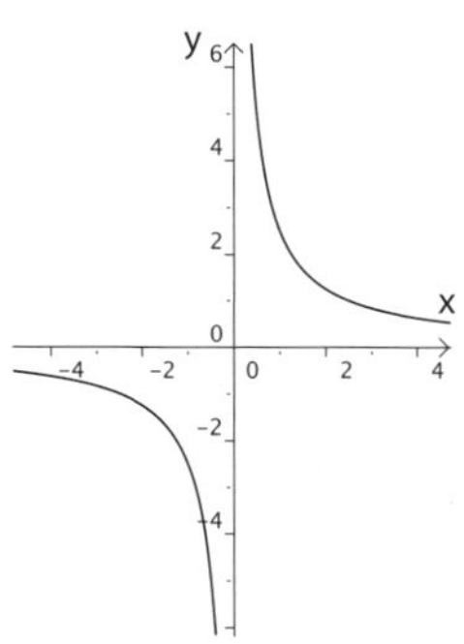

e)

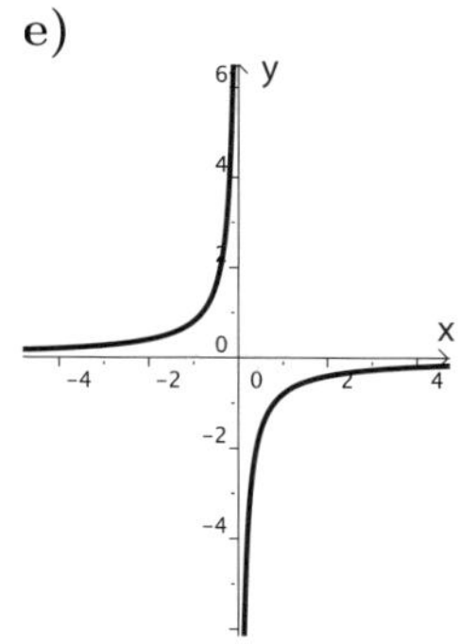

f)

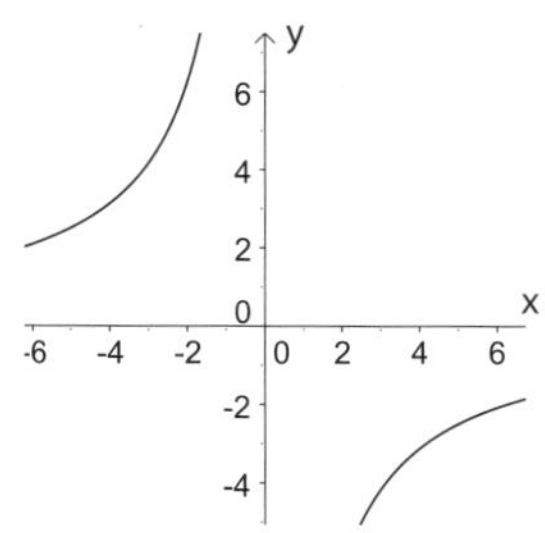

755

a)

$D_f = \mathbb{R}\backslash\{3\}$
und
$as: \ x = 3$

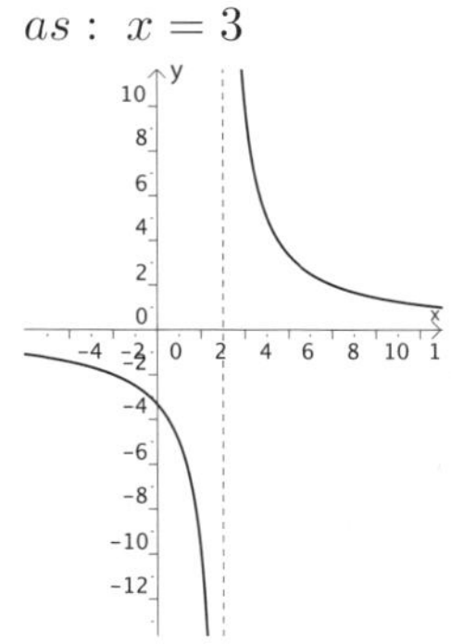

b)

$D_f = \mathbb{R}\backslash\{-2\}$
und
$as: \ x = -2$

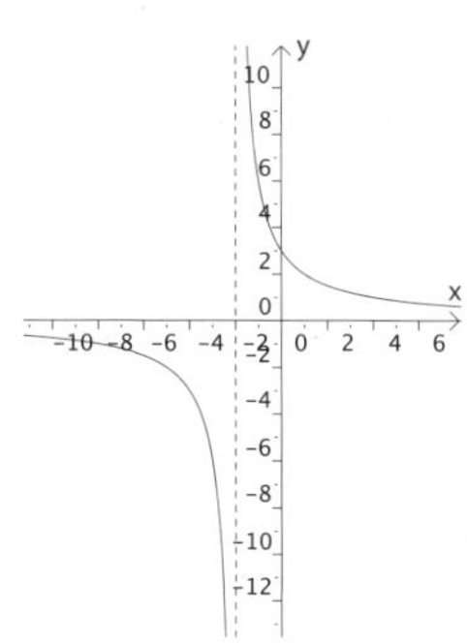

c)

$D_f = \mathbb{R}\backslash\{-4\}$
und
$as:\ x = -4$

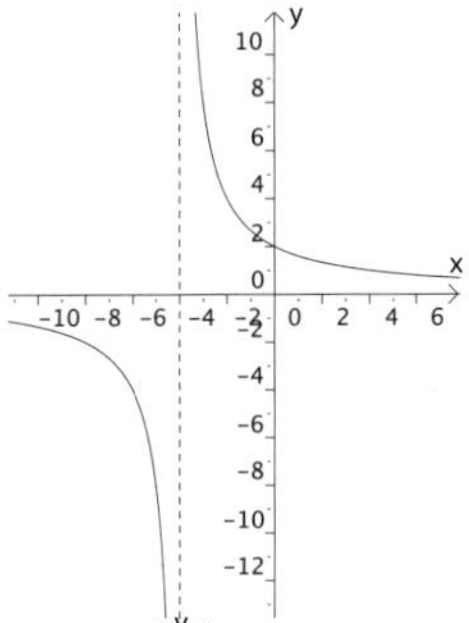

d)

$D_f = \mathbb{R}\backslash\{2\}$
und
$as:\ x = 2$

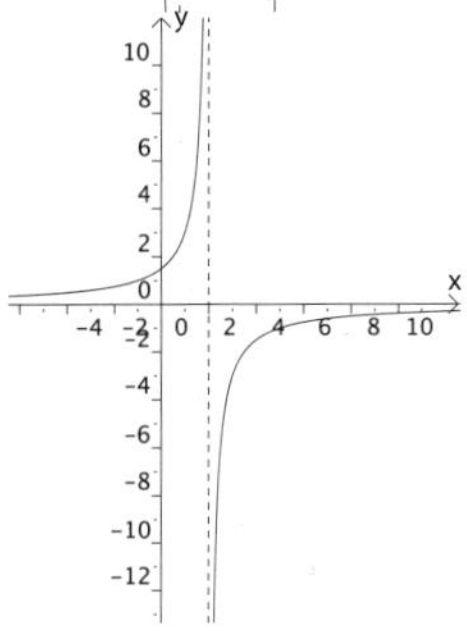

e)

$D_f = \mathbb{R}\backslash\{4\}$
und
$as:\ x = 4$

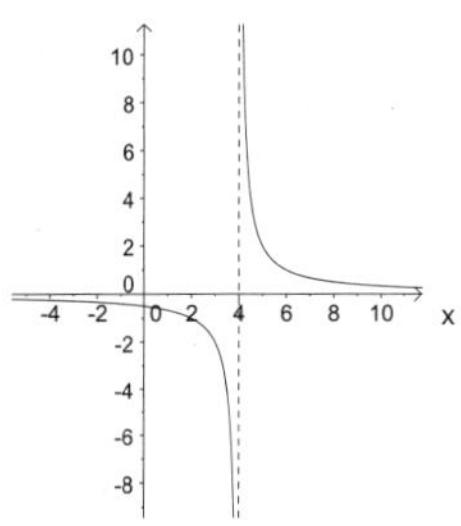

756

a)

$D_f = \mathbb{R}\backslash\{2,5\}$
und
$as:\ x = 2,5$

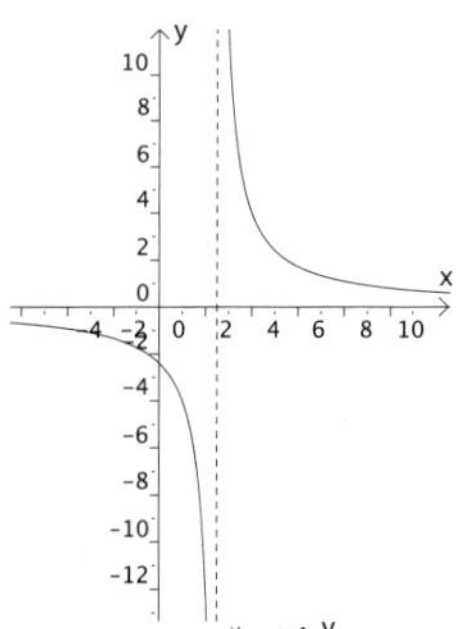

b)

$D_f = \mathbb{R}\backslash\{-2\}$
und
$as:\ x = -2$

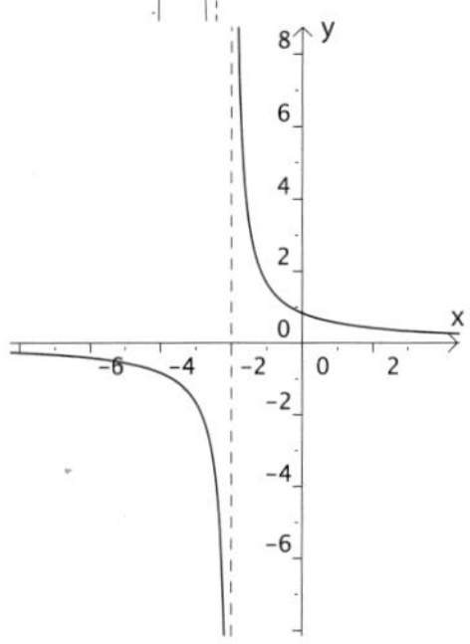

c)

$D_f = \mathbb{R}\backslash\{2\}$
und
$as:\ x = 2$

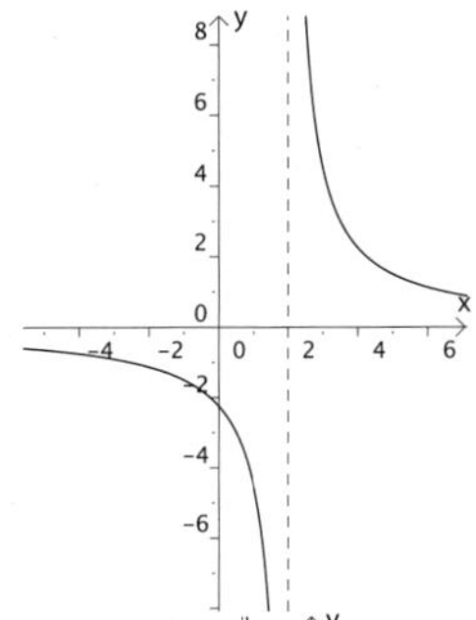

d)

$D_f = \mathbb{R}\backslash\{-2\}$
und
$as:\ x = -2$

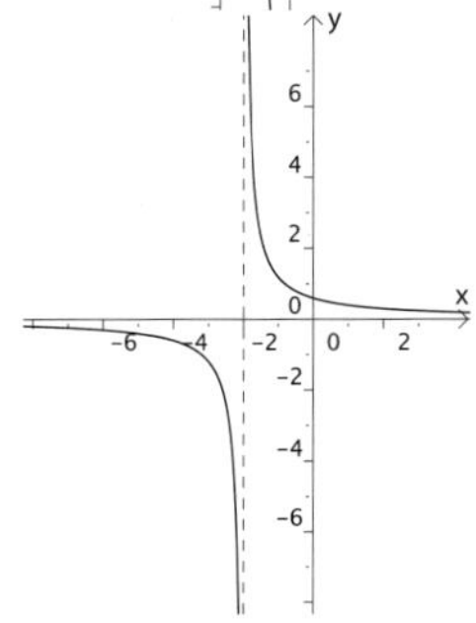

e)

$D_f = \mathbb{R}\backslash\{1,5\}$
und
$as:\ x = 1,5$

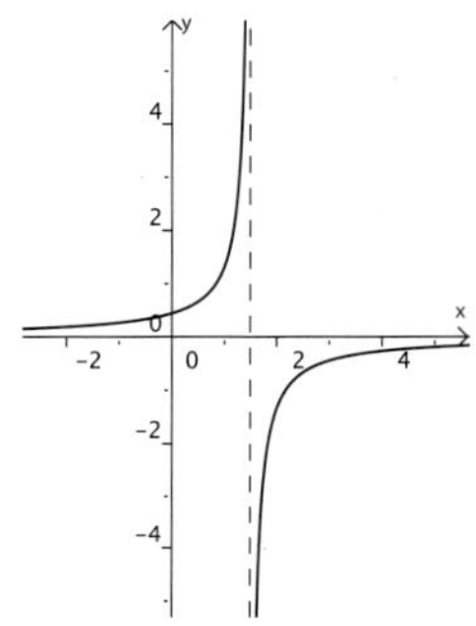

757 **a)**$y = \frac{8}{x+2}$ **b)** $y = \frac{6}{x-3}$ **c)** $y = \frac{4}{x-4}$

758 Die Funktion g erhält man, indem man die Funktion f an der x-Achse spiegelt;
$g(x) = -f(x)$

759 **a)** $D_f = \mathbb{R}\backslash\{4\}$
und
$as:\ x = 4$
b)

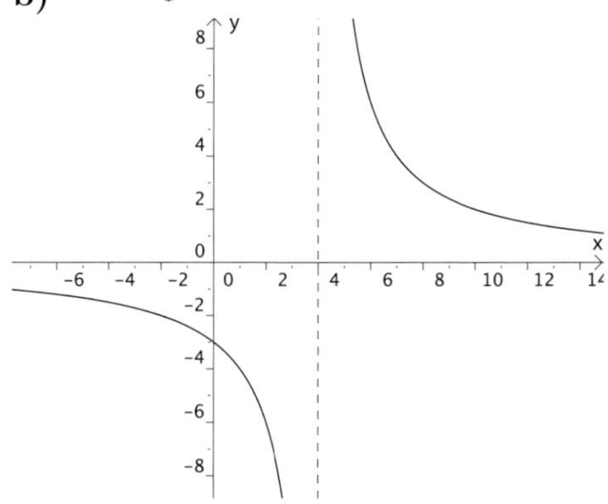

c) $f(4,1) = 120$; $f(4,01) = 1200$;
$f(4,001) = 12000$
Die Funktionswerte werden jeweils verzehnfacht.
d) $f(3,9) = -120$; $f(3,99) = -1200$;
$f(3,999) = -12000$
Die Funktionswerte werden jeweils verzehnfacht.
e) Der Funktionsgraph geht links von der vertikalen Asymptote immer steiler nach unten, rechts von der vertikalen Asymptote geht er immer steiler nach oben.

760 -

761
$as_1: x = -2$ und $as_2: x = 4$

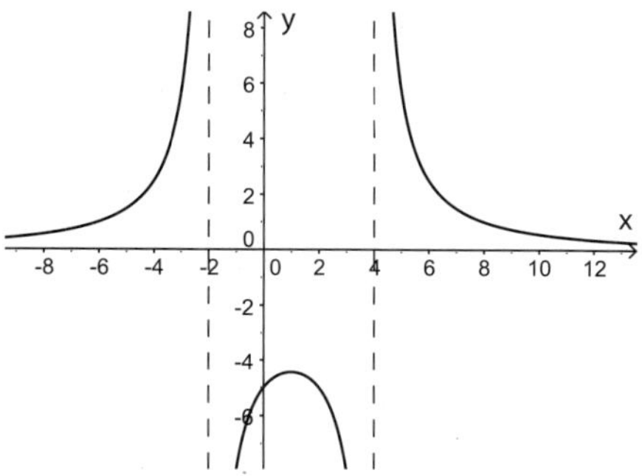

762
$as_1: x = 1$ und $as_2: x = 5$

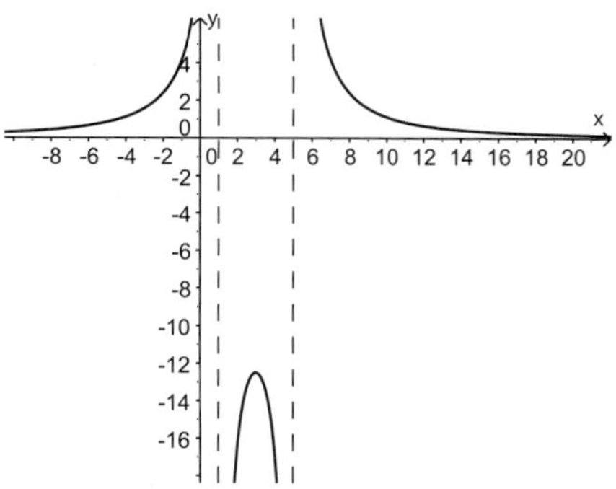

763 Es gibt unendlich viele Funktionen mit dieser Eigenschaft.

764
$as_1: x = -1,5$ und $as_2: x = 1$

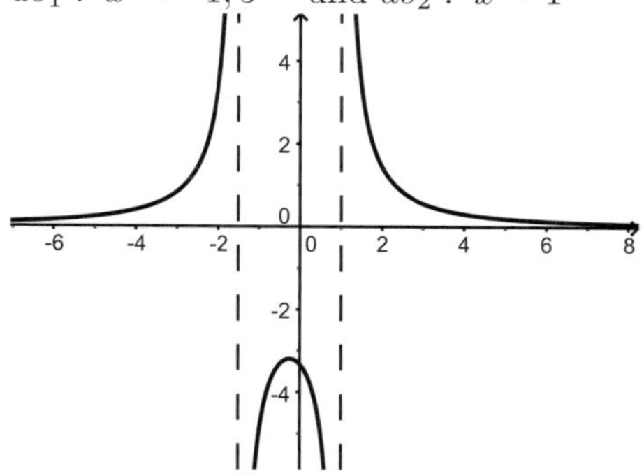

765 $as_1: x = -1$ und $as_2: x = 2,5$

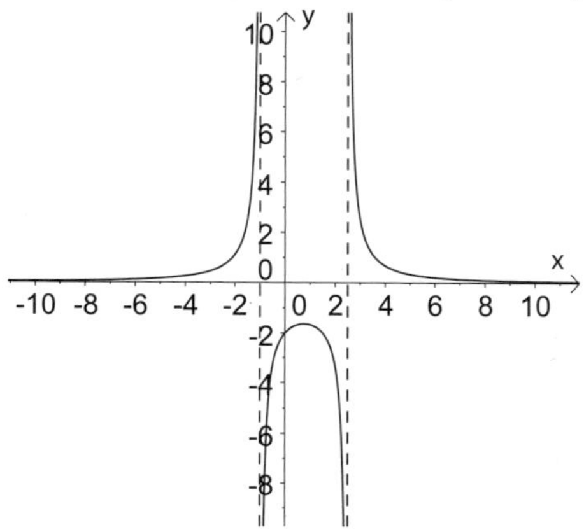

766 Im Buch ausgeführt.

767 Im Buch ausgeführt.

768 **a)** x ... Gesprächsdauer in Minuten;
y ... Kosten in €

$$f(x) = \begin{cases} 5,00 & \text{wenn } x = 0 \\ 5,25 & \text{wenn } x \in]0;1] \\ 5,50 & \text{wenn } x \in]1;2] \\ 5,75 & \text{wenn } x \in]2;3] \\ 6,00 & \text{wenn } x \in]3;4] \\ 6,25 & \text{wenn } x \in]4;5] \\ \vdots & \vdots \end{cases}$$

b)

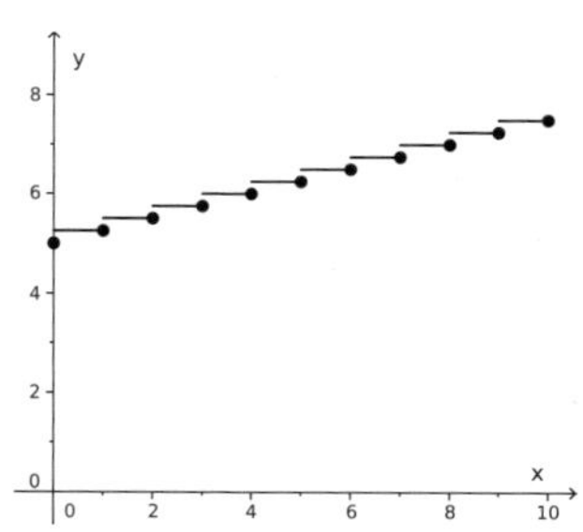

769

$$f(x)=\begin{cases}-2 & \text{wenn } x\in[-2,5;-1,5[\\ -1 & \text{wenn } x\in[-1,5;-0,5[\\ 0 & \text{wenn } x\in[-0,5;0,5[\\ 1 & \text{wenn } x\in[0,5;1,5[\\ 2 & \text{wenn } x\in[1,5;2,5[\end{cases}$$

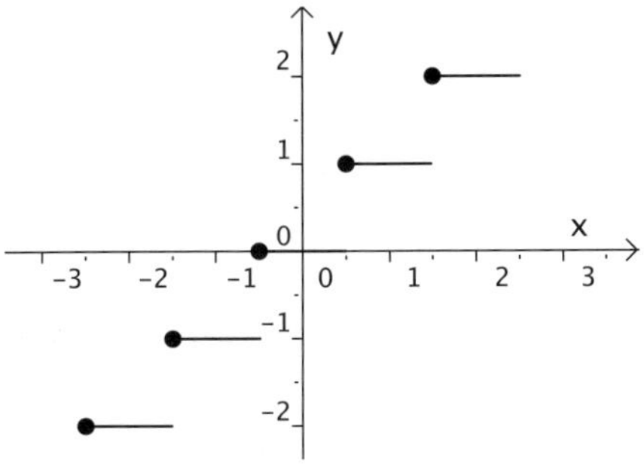

770

$$f(x)=\begin{cases}-1 & \text{wenn } x\in[-\infty;0[\\ 0 & \text{wenn } x=0\\ 1 & \text{wenn } x\in[0;\infty[\end{cases}$$

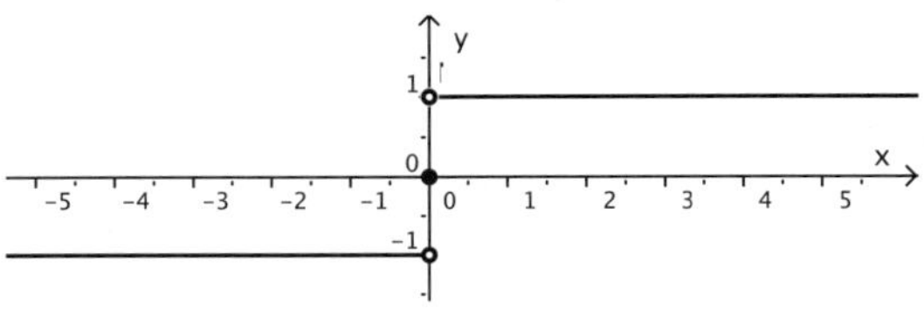

771 **a)** x ... Uhrzeit; y ... Temperatur in °C

$$f(x)=\begin{cases}2x-3 & \text{wenn } x\in[6;9[\\ x+6 & \text{wenn } x\in[9;12[\\ -x+30 & \text{wenn } x\in[12;18]\end{cases}$$

b)

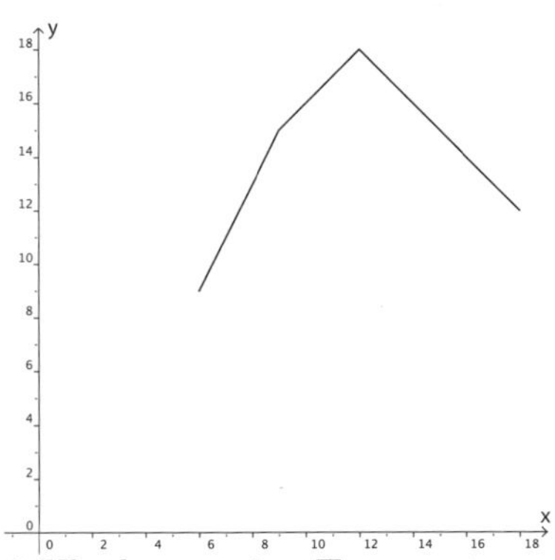

c) Um 8 Uhr hat es eine Temperatur von 13°C, um 16 Uhr ist die Temperatur 14°C.

772 Temperatur um 9 Uhr: 10°C; Temperatur um 17 Uhr: 11,5°C

773 Die Stationen sind 749,7 m voneinander entfernt. In den ersten 35 Sekunden beschleunigt die U-Bahn, dann fährt sie 3 Sekunden mit konstanter Geschwindigkeit. Die letzten 22 Sekunden bremst sie.

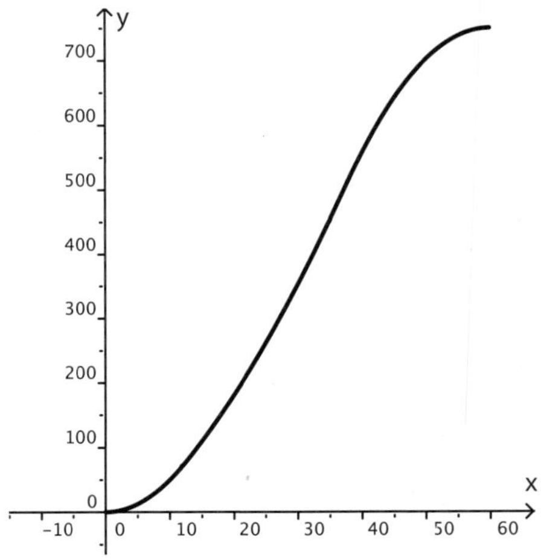

774

$$f(x)=\begin{cases}\frac{500}{3}(x-1)+3600 & \text{wenn } x\in[1;4[\\ -100(x-4)+4100 & \text{wenn } x\in[4;7[\\ 3800 & \text{wenn } x\in[7;10[\\ \frac{700}{3}(x-10)+3800 & \text{wenn } x\in[10;13[\end{cases}$$

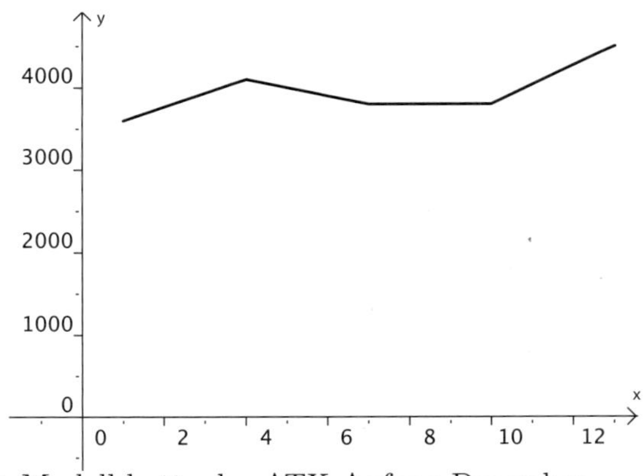

Laut Modell hatte der ATX Anfang Dezember einen Wert von 4033 Punkten.

775

$$f(x) = \begin{cases} 4,5x - 9,5 & \text{wenn } x \in [1;7[\\ -2,5x + 39,5 & \text{wenn } x \in [7;9[\\ -5x + 62 & \text{wenn } x \in [9;12] \end{cases}$$

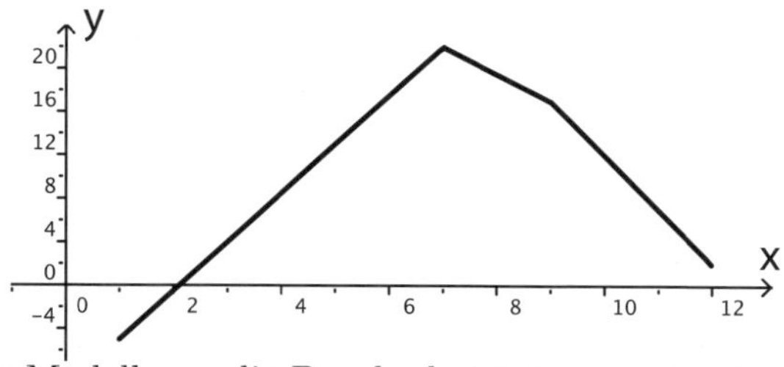

Laut Modell war die Durchschnittstemperatur im März 4°C.

776 Im Buch ausgeführt.

777 Im Buch ausgeführt.

778 Im Buch ausgeführt.

779 A(c) ist eine inhomogene lineare Funktion.

780 **a)** Die Anzahl n der Minuten, die Lisa telefonieren kann, ist indirekt proportional zum Preis m einer Gesprächsminute.

b)

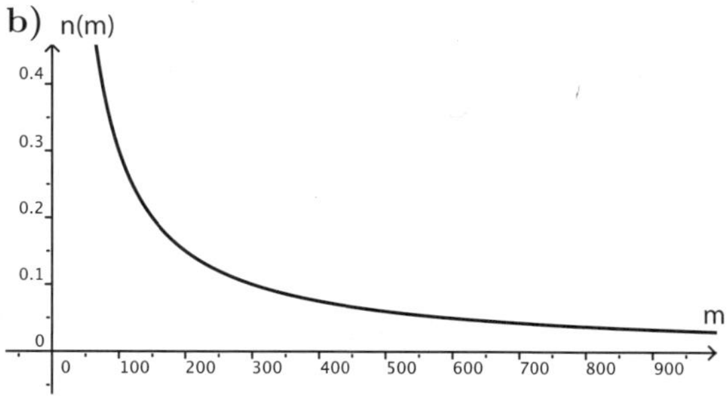

781 $V(r) = r^2 \cdot \pi \cdot 5$
$V(r)$ ist eine quadratische Funktion

782 **a)** $V(h)$ ist eine homogene lineare Funktion.

b)

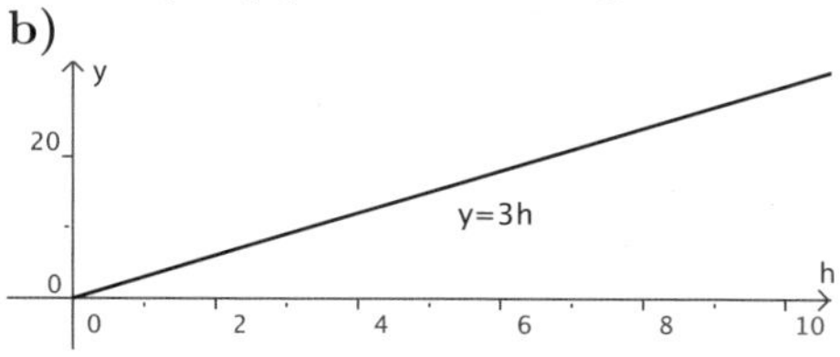

783 $v(t)$ ist eine homogene lineare Funktion.

b)

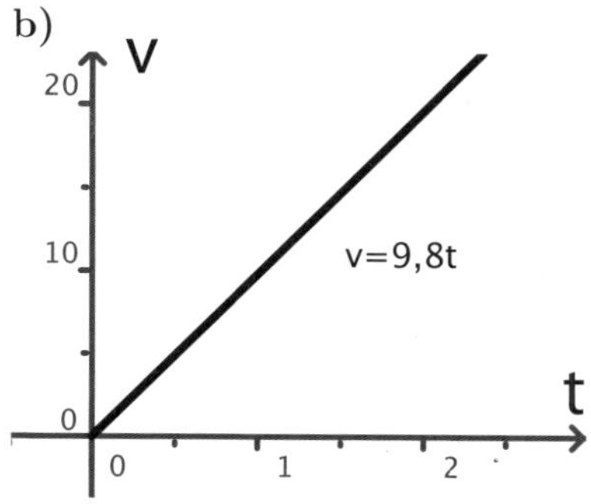

784 $P(I)$ ist eine quadratische Funktion;
$P(R)$ ist eine homogene lineare Funktion.

785 $O(h)$ ist eine inhomogene lineare Funktion;
$O(r)$ ist eine quadratische Funktion.

786 -

787 -

788 Im Buch ausgeführt.

789 Im Buch ausgeführt.

790 **a)** $x_1 \approx -0,56$; $x_2 \approx 3,56$
b) $x_1 \approx -3,45$; $x_2 \approx 1,45$
c) $x_1 \approx -5,19$; $x_2 \approx 0,19$
d) $x_1 \approx -0,56$; $x_2 \approx 3,56$

791 **a)** $x_1 = -1,25$; $x_2 = 1$
b) $x_1 = -2,5$; $x_2 = 1$
c) $x_1 = -1$; $x_2 = 2,5$
d) $x_1 = -2$; $x_2 = 2,25$

792 **a)** $x_1 \approx 0,28$; $x_2 \approx 2,39$
b) $x_1 \approx -0,38$; $x_2 \approx 1,58$
c) $x_1 \approx -2,12$; $x_2 \approx 0,12$
d) $x_1 \approx -0,77$; $x_2 \approx 3,27$

793 **a)** $x_1 = -1$; $x_2 = 5$
b) $x_1 = 1$; $x_2 = 5$
c) $x_1 = 2$; $x_2 = 6$
d) $x_1 = -3$; $x_2 = 4$

794 **a)** $x_1 = 1$; $x_2 = -5$
b) $x_1 = 2$; $x_2 = 4$
c) $x_1 = 5$; $x_2 = 1$
d) $x_1 = 10$; $x_2 = 8$

795 **a)** $x \approx -2,36$
b) $x_1 \approx -1,86$; $x_2 \approx -0,25$; $x_3 \approx 2,11$
c) $x \approx 1,32$
d) $x_1 \approx -2,41$; $x_2 \approx 0,41$; $x_3 = 2$

796 -

797 -

798 Eine Funktion steht für eine indirekte Proportion. Die andere Funktion ist homogen linear.

799 -

800

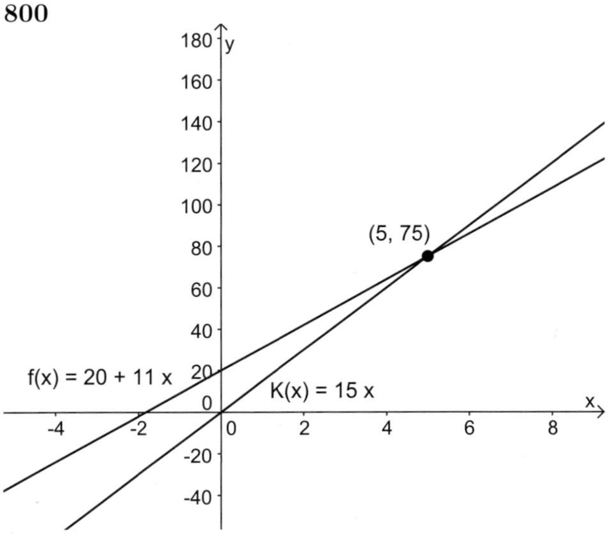

Man muss mindestens 5m Stoff kaufen.

801 **a)** Max: $f(x) = 0,04 \cdot x + 5$
Sabine: $f(x) = 0,01 \cdot x + 10$
Klaus: $f(x) = 0,07 \cdot x$

x	M	S	K
0	5	10	2
20	5,8	10,2	0
40	6,6	10,4	1,4
60	7,4	10,6	2,8
80	8,2	10,8	4,2
100	9	11	5,6
120	9,8	11,2	7
140	10,6	11,4	8,4
160	11,4	11,6	9,8
180	12,2	11,8	11,2
200	13	12	14
220	13,8	12,2	15,4
240	14,6	12,4	16,8

b)

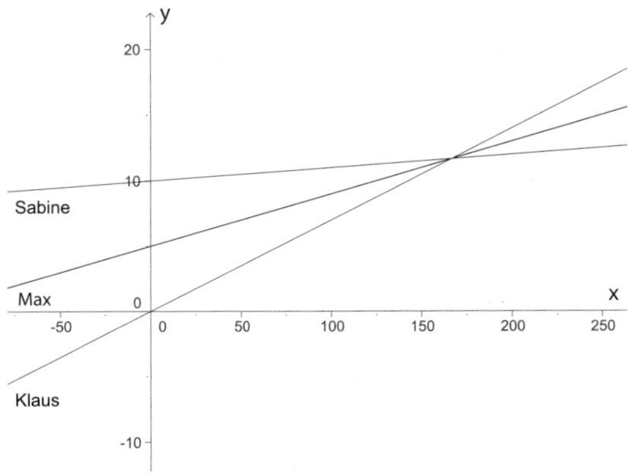

c) 167 Minuten
d) Tarif von Klaus; Sie spart 2,80 €

802 x ... Monat ($x = 1 \Leftrightarrow$ Jänner, usw.); y ... Ölpreis in Dollar/Barrel.
$f(1) \approx 79$; $f(2) \approx 73$; $f(3) \approx 80$; $f(4) \approx 80$; $f(5) \approx 89$; $f(6) \approx 101$;

803 x ... Entfernung zum Tor in m; y ... Wahrscheinlichkeit für einen Treffer.
$f(5) \approx 90\%$; $f(9) \approx 65\%$; $f(18) \approx 25\%$;

804 **a)** x ... Geschwindigkeit des Körpers in Prozent der Lichtgeschwindigkeit; y ... Masse des Körpers in kg.
b) $f(50) \approx 1,15$; $f(70) \approx 1,40$; $f(90) \approx 2,29$;
c) Die Geschwindigkeit muss ca. 95% der Lichtgeschwindigkeit betragen.

805

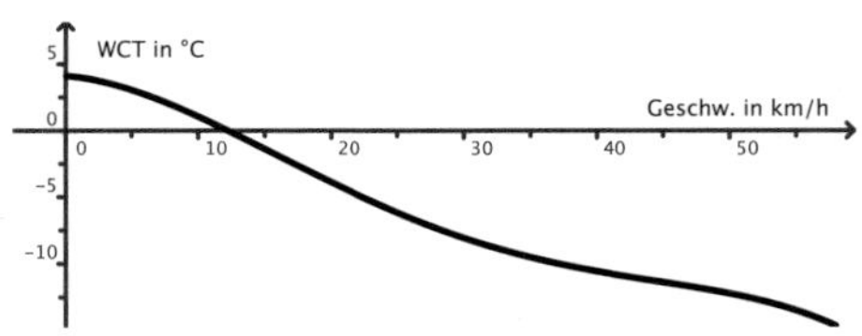

806 Es handelt sich um eine quadratische Funktion.
$f(x) \approx 0,39x^2 - 0,1x$

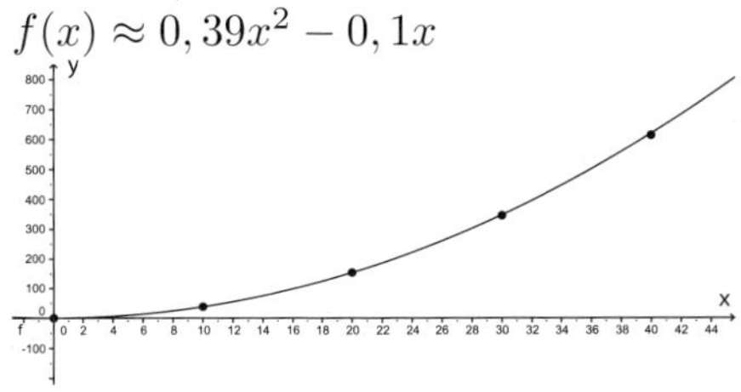

807 -

808 -

809 -

810 **a)** N(0,5/0) **b)** N(3/0)
c) N(4/0) **d)** N(1,5/0)

811 **a)** $k = 2$ **b)** $k = 1$ **c)** $k = -\frac{2}{3}$
d) $k = \frac{1}{4}$

812

a) $y = \frac{2}{3}x$

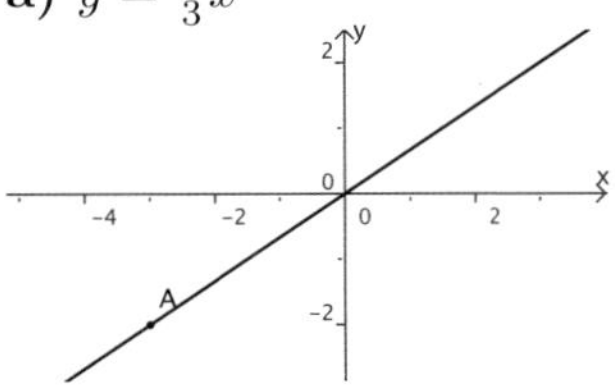

b) $y = -\frac{3}{4}x + 2$

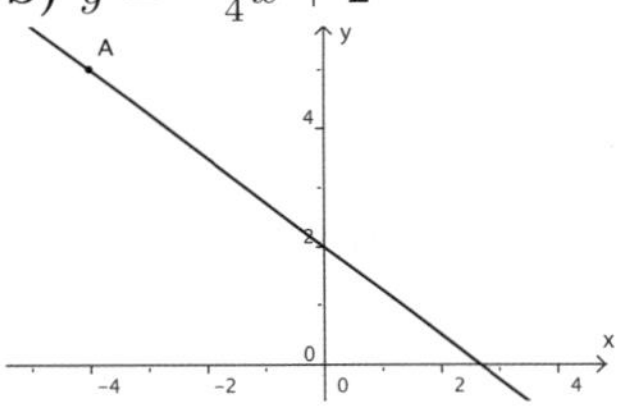

c) $y = \frac{3}{2}x - 1$

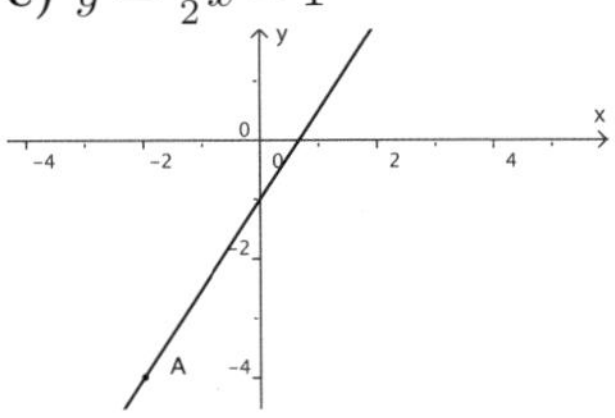

d) $y = -\frac{1}{4}x + \frac{5}{2}$

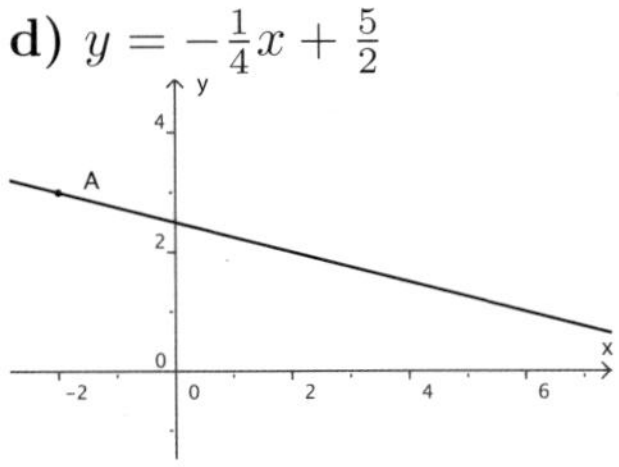

813 **a)** $f(x) = -\frac{1}{2}x + 2,5$
b) $f(x) = x - 1$
c) $f(x) = \frac{1}{2}x + \frac{1}{2}$
d) $f(x) = 3x - 5$
e) $f(x) = \frac{1}{2}x - 2$
f) $f(x) = -\frac{3}{2}x + \frac{17}{2}$

814 **a)** lineare Funktion $y = 3x - 2$
b) keine lineare Funktion
c) lineare Funktion $y = 0,5x$

815 **a)** lineare Funktion $y = -\frac{1}{3}x + 7$
b) lineare Funktion $y = \frac{2}{3}x$
c) lineare Funktion $y = -\frac{3}{2}x + \frac{9}{2}$

816 x ... Temperatur in °C; y ... Temperatur in °F; $y = 1,8x + 32$

817 x ... Temperatur in °C; y ... Temperatur in °K; $y = x + 273$

818 100K = -279,4 F; 200 K = -99,4 F;
300 K = 80,6 F; 400 K = 260,6 F.

819 **a)** $f_1(x) = 3x$; $f_2(x) = 2,4x + 18$
b) mindestens 30 Liter **c)** 50 Liter
55 Liter

820 Der Lösungsfall ist jeweils abgegeben:
a) eindeutig:

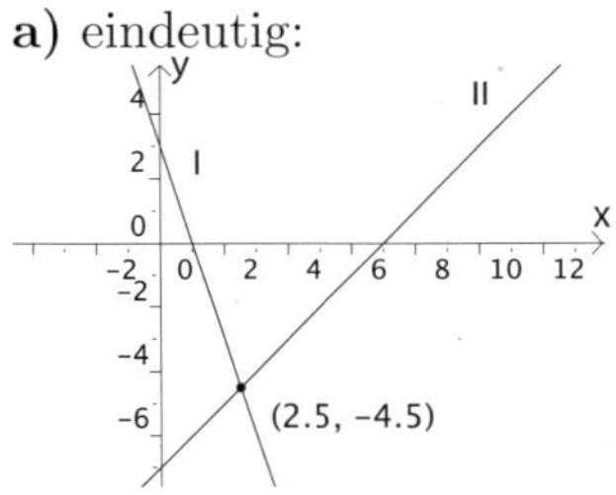

b) keine Lösung:

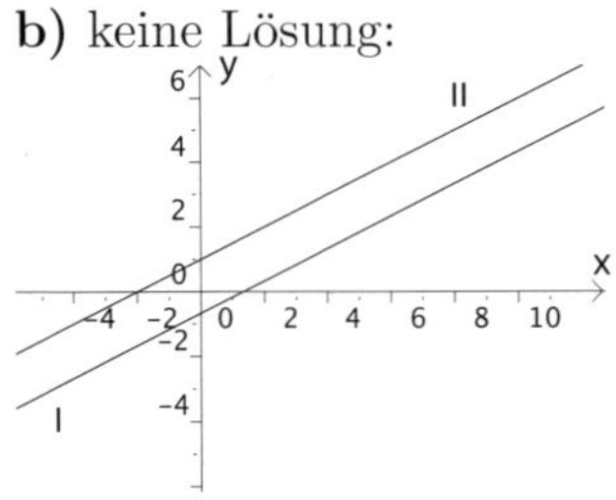

c) eindeutig:

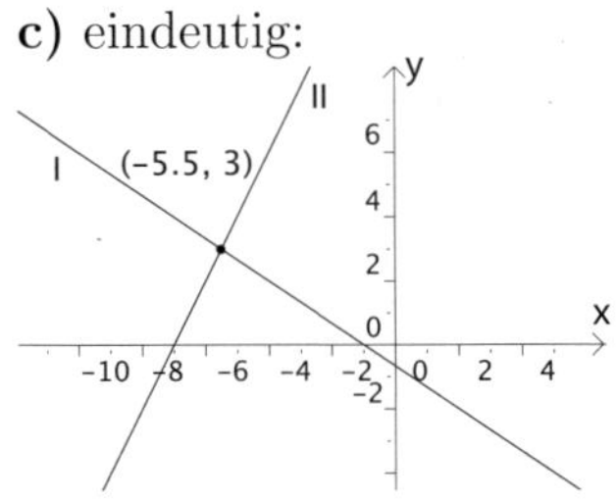

d) keine Lösung:

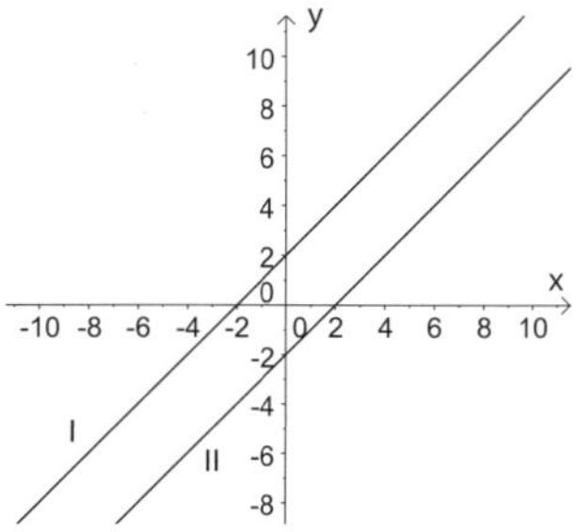

821 **a)** S(3/0,5) **b)** S(-0,5/1) **c)** S(-3,5/2,5) **d)** S(4,5/-1,5)

822 **a)** $a = 2$ **b)** $a = 0,5$ **c)** $a = -3$

823 Der Scheitel und die Nullstellen sind angegeben:

a)

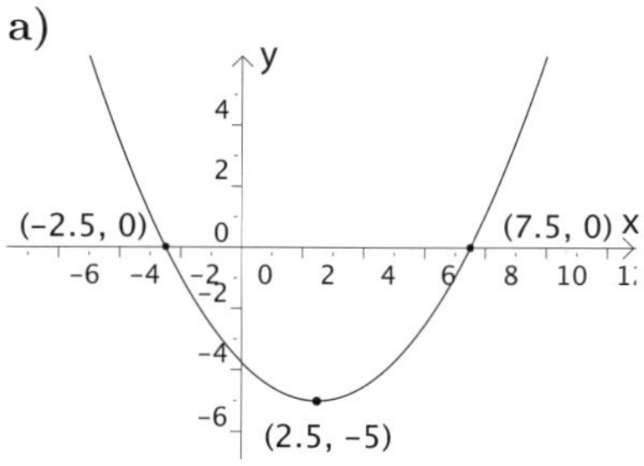

b)

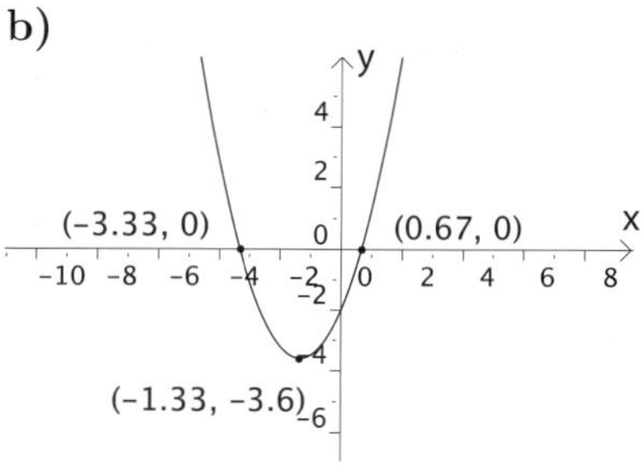

824 **a)** S(-2/-9) x-Achse: N_1(1/0) N_2(-5/0) y-Achse: P(0/-5)
b) S(1/-16) x-Achse: N_1(5/0) N_2(-3/0) y-Achse: P(0/-15)
c) S(1/-12,5) x-Achse: N_1(-4/0) N_2(6/0) y-Achse: P(0/-12)
d) S(-2/-18) x-Achse: N_1(1/0) N_2(-5/0) y-Achse: P(0/-10)

825 **a)** S(-4/-16) x-Achse: N_1(0/0) N_2(-8/0) y-Achse: N(0/0)
b) S(0/-9) x-Achse: N_1(3/0) N_2(-3/0) y-Achse: P(0/-9)
c) S(3/0) x-Achse: N(3/0) y-Achse: P(0/9)
d) S(2/0) x-Achse: N(2/0) y-Achse: P(0/-4)

826

a) $D_f = \mathbb{R}\backslash\{0\}$ und $as:\ x = 0$

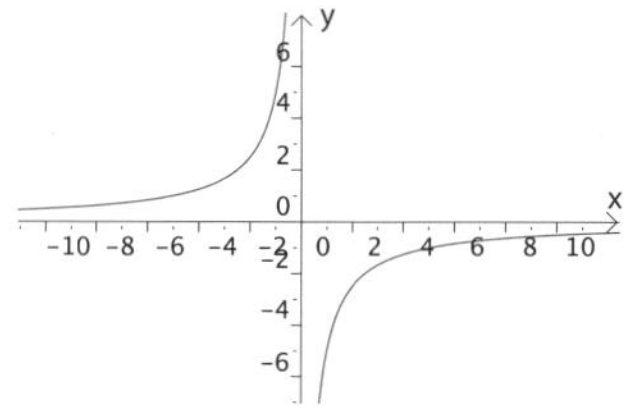

b) $D_f = \mathbb{R}\backslash\{4\}$ und $as:\ x = 4$

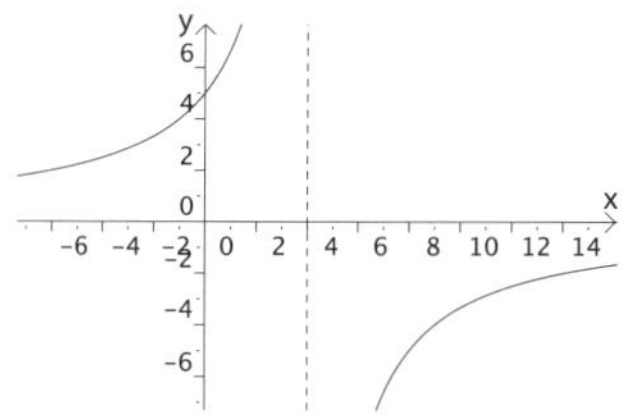

c) $D_f = \mathbb{R}\backslash\{1,5\}$ und $as:\ x = 1,5$

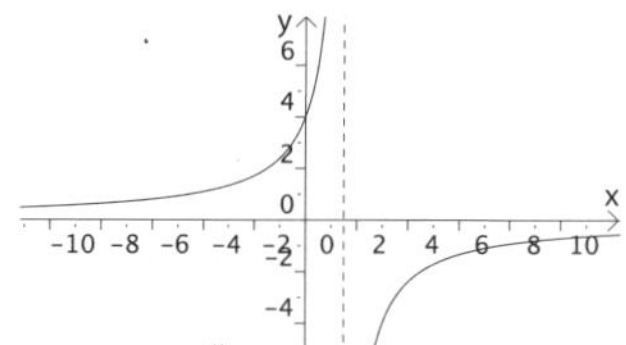

d) $D_f = \mathbb{R}\backslash\{2,5\}$ und $as:\ x = 2,5$

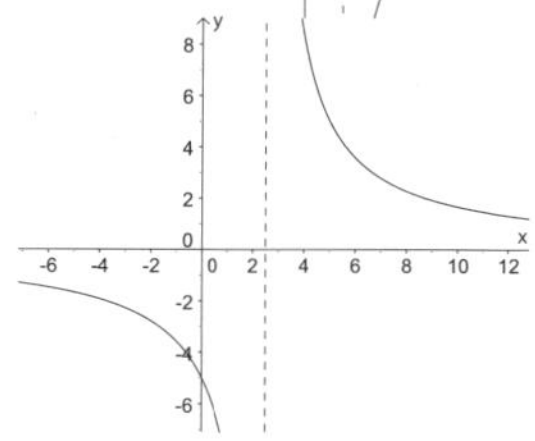

827 **a)** $D_f = \mathbb{R}\backslash\{0\}$ und $as:\ x = 0$
b) $D_f = \mathbb{R}\backslash\{0\}$ und $as:\ x = 0$
c) $D_f = \mathbb{R}\backslash\{0\}$ und $as:\ x = 0$
d) $D_f = \mathbb{R}\backslash\{-1\}$ und $as:\ x = -1$

828 **a)** quadratische Funktion $y = 0,25x^2$
b) inhomogene lineare Funktion $y = -\frac{2}{3}x + 2$
c) verallgemeinerte indirekte Proportion $y = \frac{4}{x-2}$

829 **a)** lineare Funktion (Hinweis: $y = -\frac{4}{5}x + 4$).
b) nicht linear, nicht quadratisch.
c) quadratische Funktion (Hinweis: $y = (x+2)^2 - 3$).

830 **a)** quadratische Funktion (Hinweis: $y = -(x-1)^2 + 6$).
b) lineare Funktion (Hinweis: $y = -2x + 5$).
c) nicht linear, nicht quadratisch.

831 $S_1 = (-2|4)$ und $S_2 = (3,5|12,25)$

832 **a)** $S_1 = (-4|4)$ und $S_2 = (2|10)$
b) $S_1 = (-2|-10)$ und $S_2 = (4|-4)$
c) $S_1 = (2|-5)$ und $S_2 = (7|2,5)$
d) $S_1 = (-7|-2,5)$ und $S_2 = (-2|5)$

833 **a)** 512 €
b) nach 26 Wochen

834 **a)** mit 18 Jahren
b) -

835 **a)** d = 6800 €... Fixkosten
k = -1160 €... jährliche Wertminderung
b) nach rund 2 Jahren

836 **a)** $f(x) = 0,03x + 10$
$f(3000) = 100; f(5000) = 160; f(10000) = 310$

837 **a)** lineares Modell:
x ... Zeitspanne in Jahren ab 1900;
y ... Weltbevölkerung in Mrd.
$y = 0,07x - 0,9$
Hinweis: Die Funktionsgleichung hängt von der Festlegung der beiden Variablen ab.

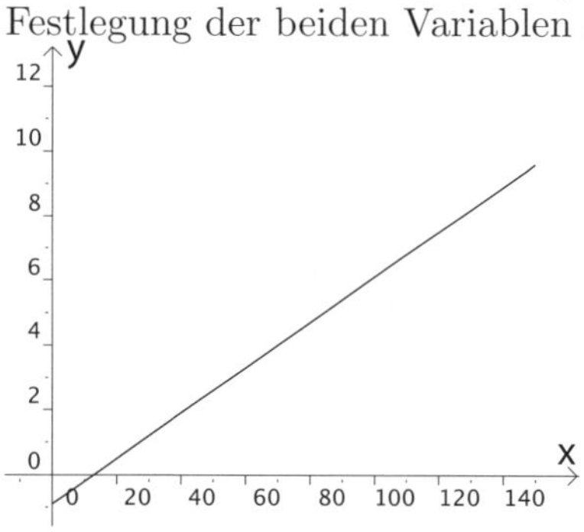

b) quadratisches Modell:
x ... Zeitspanne in Jahren ab 1900;
y ... Weltbevölkerung in Mrd.
$y = 0,00052x^2 - 0,008x + 1,7$
Hinweis: In der Grafik ist auch das lineare Modell strichliert dargestellt, um einen Vergleich der beiden Modelle zu ermöglichen.

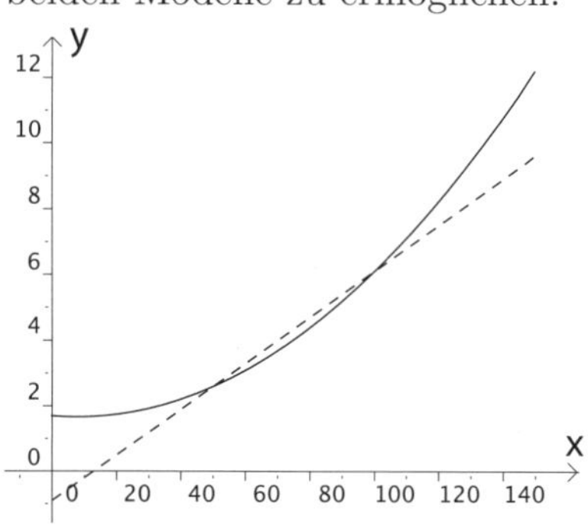

c) Prognose für 2030: lineares Modell: 8,2 Mrd. Menschen; quadratisches Modell: 9,45 Mrd. Menschen.

838 **a)** lineares Modell:
x ... Zeitspanne in Jahren ab 1900;
y ... Bevölkerung in Millionen
$y = 11,26x - 342$
Hinweis: Die Funktionsgleichung hängt von der Festlegung der beiden Variablen ab.

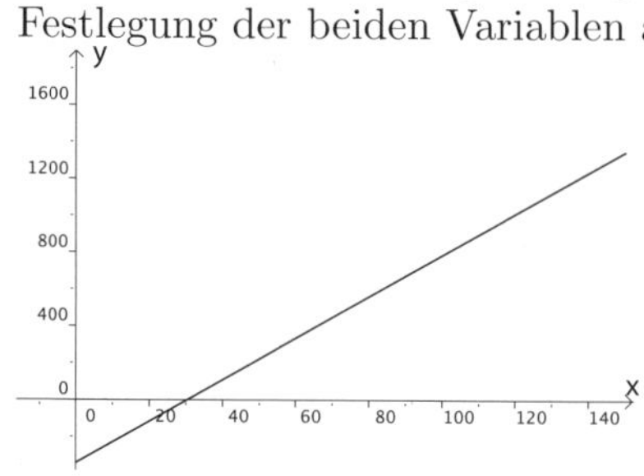

b) quadratisches Modell:
x ... Zeitspanne in Jahren ab 1900;
y ... Bevölkerung in Millionen
$y = 0,095x^2 - 2,99x + 133$
Hinweis: In der Grafik ist auch das lineare Modell strichliert dargestellt, um einen Vergleich der beiden Modelle zu ermöglichen.

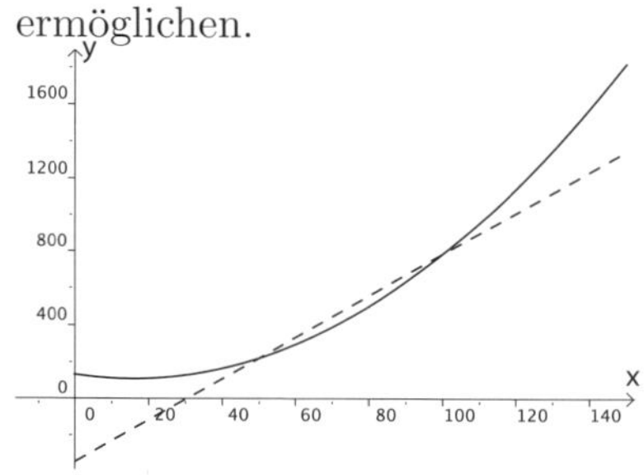

c) Prognose für 2030: lineares Modell: 1122 Millionen Menschen; quadratisches Modell: 1350 Millionen Menschen.

839 **a)** lineares Modell:
x ... Zeitspanne in Jahren ab 1900;
y ... Bevölkerung in Millionen
$y = 45,62x - 879$
Hinweis: Die Funktionsgleichung hängt von der Festlegung der beiden Variablen ab.

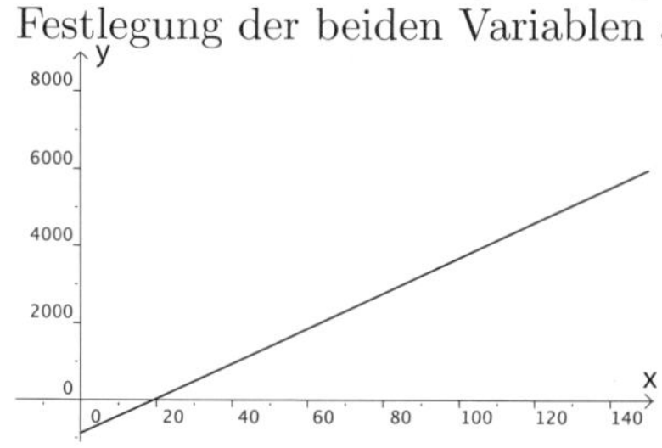

b) quadratisches Modell:
x ... Zeitspanne in Jahren ab 1900;
y ... Bevölkerung in Millionen
$y = 0,3652x^2 - 9,16x + 947$
Hinweis: In der Grafik ist auch das lineare Modell strichliert dargestellt, um einen Vergleich der beiden Modelle zu ermöglichen.

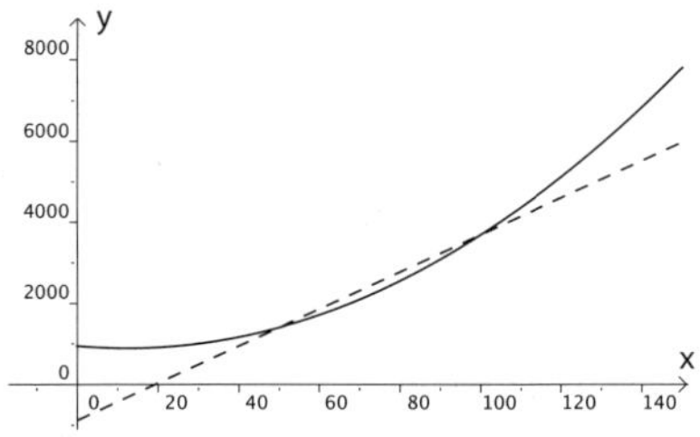

c) Prognose für 2030: lineares Modell: 5052 Millionen Menschen; quadratisches Modell: 5928 Millionen Menschen.

840 **a)** lineares Modell: $f(x) = -7,5x + 325$
quadratisches Modell:
$f(x) = -0,125x^2 - 3,75x + 300$
b) Prognose für 2000: lineares Modell: 85 Dobson; quadratisches Modell: 52 Dobson
Prognose für 2010: lineares Modell: 10 Dobson; quadratisches Modell: -78 Dobson
70 Dobson: lineares Modell: 2002; quadratisches Modell: 1998

841 **a)** $f(x) = 240x + 1755$; k ... überwundener Höhenunterschied pro Stunde; d ... Ausgangshöhe
b) -
c) 2835 m
d) 5,2 Stunden

842 **a)** $f(x) = -0,5x^2 + 4x - 2$
b) 4 €; 6 Mrd. €
c) 7,5 € und 0,5 €

843 **a)** $f(x) = \frac{1}{1500}x^2 - \frac{105}{1500}x + \frac{10250}{1500}$
b) - **c)** 52,5 km/h
d) 34,1%

844 **a)** $f(x) = 0,1375x^2 - 1,95x + 25,4125$
b) - **c)** 9:47 (9,8) **d)** 7 Uhr

845 **a)** Bei 50 Stück
b) bei rund 59 verkauften Geräten
c) bei einem Verkaufspreis von 2700 €

846 **a)** $K(x) = 2x + 12000$; $E(x) = 2,8x$
b) -
c) 15001 Steine
d) 40000 Steine

847 **a)** 16 Stück
b) $E(x) =$ 13,5x; $G(x) =$ -0,25x^2 $+ 12,5x - 100$
c) 1) 10 Stück; max 40 Stück 2) 25 Stück

848 **a)** 0 Stück wurden abgesetzt
b) 68 Stück
c) $E(x) = x \cdot p(x) = 85 \cdot x - 1,25 \cdot x^2$
d) 34 Stück

849 **a)** 0 Stück wurden abgesetzt
b) 240 Stück
c) $E(x) = x \cdot p(x) = 36 \cdot x - 0,15 \cdot x^2$
d) 120 Stück

850 Funktionsterm: $v = 9{,}8\ t$
Wertetabelle:

x	y
0	0
1	9,8
2	19,6
3	29,4
⋮	⋮

Funktionsgraph:

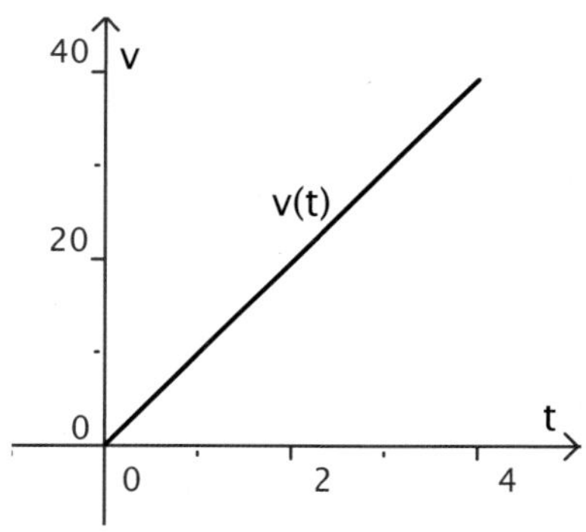

851 **a)** $P(I) = 230\ I$

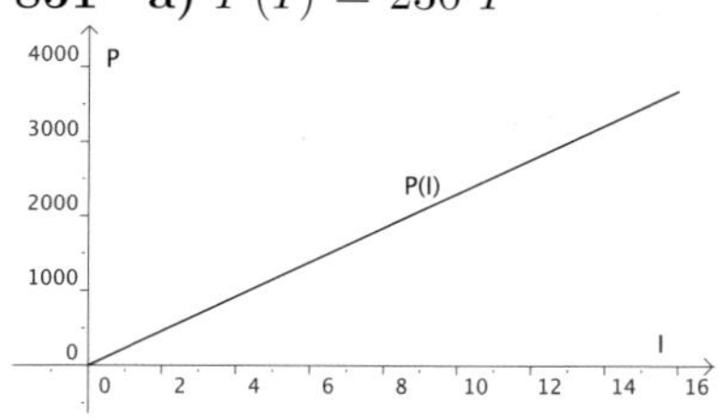

b) -

852 **a)** v ... Geschwindigkeit in km/h; t ... Fahrzeit in Stunden; $t(v) = \frac{12}{v}$
b)

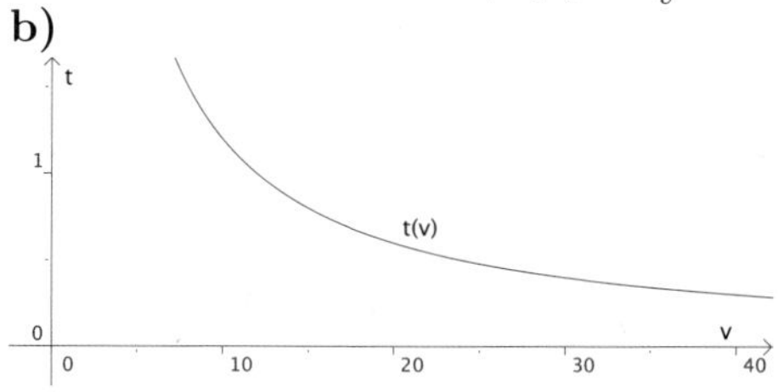

c) -

853 **a)** zB. Bügeleisen $P = 2000$ W
b) t ... Zeit in Stunden; P ... Leistung in kW;
$t = \frac{400}{P}$
zB. für das Bügeleisen: $t = \frac{400}{2} = 200$
Das Bügeleisen war im Laufe des Jahres 200 Stunden in Betrieb.
c) -

854 Die Umwelttemperatur muss mindestens 8,7°C betragen.

855 **a)** $f(x) = \frac{298}{25-x}$
b) $D_f = \mathbb{R}\backslash\{25\}$

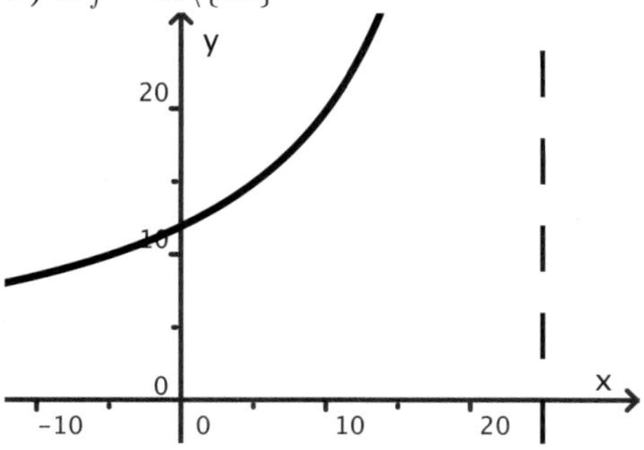

c) Die Umwelttemperatur muss mindestens -4,8°C betragen.

856 **a)** Krems: $f(9,6) \approx 12,1 > 10$; Fußbodenheizung möglich!
Mariazell: $f(9,6) \approx 11,0 > 10$; Fußbodenheizung möglich!
Bad Gastein: $f(9,6) \approx 10,7 > 10$; Fußbodenheizung möglich!
b) Krems: $f(9,6) \approx 8,0 < 10$; Brauchwasserheizung nicht möglich!
Mariazell: $f(9,6) \approx 7,5 < 10$; Brauchwasserheizung nicht möglich!
Bad Gastein: $f(9,6) \approx 7,4 < 10$; Brauchwasserheizung nicht möglich!

857 -

858 1. falsch, denn zB. bei $f(x) = x^2$ gibt es für $y = -1$ keinen x-Wert.
2. wahr 3. falsch 4. wahr

859 1. stimmt immer 2. stimmt nie
3. stimmt immer 4. kann sein

860 **a)** höchstens zwei **b)** Es gilt: Der Graph von f ist eine Parabel.Der Graph hat einen Scheitel.

861 1. linear: falsch; quadratisch: falsch
2. linear: falsch; quadratisch: kann sein
3. linear: kann sein; quadratisch: falsch
4. linear: falsch; quadratisch: kann sein

862 **a)** Es gilt: Die Lösungen einer linearen Gleichung liegen auf einer Geraden. Die Lösungen einer linearen Gleichung sind Zahlenpaare.
b) Es gilt: Ein lineares Gleichungssystem hat möglicherweise keine Lösung.

863 -

864 Die Aussagen **b)** und **d)** stimmen auch für inhomogene lineare Funktionen.

865 **a)** und **c)**

866 **a)** $\mathbb{D}_f = \mathbb{R}$ **b)** $\mathbb{W}_f = \mathbb{R}$ **c)** $y = 1$
d) $x = 1$

867 f ist eine quadratische Funktion.

868 $y = -\frac{1}{3}x + 1$

869 $y = -x^2 + 4x - 3$

870 $k = \frac{1}{3}$, $d = 0$

871 $N_1(2|0)$ $N_2(-\frac{3}{2}|0)$

872 $E(m)$ ist eine homogene lineare Funktion.
$E(v)$ ist eine quadratische Funktion.

873 $\mathbb{D}_f = \mathbb{R}\backslash\{-1,5\}$

Thema: Cäsar - Verschlüsselung

T1 Im Buch ausgeführt.

T2 Peter ist ein braver Esser.

T3 $D_f = \{a; b; c; \ldots y; z\}$
$W_f = \{0; 1; 2; \ldots; 24; 25\}$

T4 Im Buch ausgeführt.

T5 Im Buch ausgeführt.

T6 -

T7 Kevin und seine Freunde waren am Wochenende bei einem Festival.

T8 Zuordnungstabelle:

x	$f(x)$	x	$f(x)$
a $\leftrightarrow$ 0	0 $\leftrightarrow$ A	n $\leftrightarrow$ 13	13 $\leftrightarrow$ N
b $\leftrightarrow$ 1	3 $\leftrightarrow$ D	o $\leftrightarrow$ 14	16 $\leftrightarrow$ Q
c $\leftrightarrow$ 2	6 $\leftrightarrow$ G	p $\leftrightarrow$ 15	19 $\leftrightarrow$ T
d $\leftrightarrow$ 3	9 $\leftrightarrow$ J	q $\leftrightarrow$ 16	22 $\leftrightarrow$ W
e $\leftrightarrow$ 4	12 $\leftrightarrow$ M	r $\leftrightarrow$ 17	25 $\leftrightarrow$ Z
f $\leftrightarrow$ 5	15 $\leftrightarrow$ P	s $\leftrightarrow$ 18	2 $\leftrightarrow$ C
g $\leftrightarrow$ 6	18 $\leftrightarrow$ S	t $\leftrightarrow$ 19	5 $\leftrightarrow$ F
h $\leftrightarrow$ 7	21 $\leftrightarrow$ V	u $\leftrightarrow$ 20	8 $\leftrightarrow$ I
i $\leftrightarrow$ 8	24 $\leftrightarrow$ Y	v $\leftrightarrow$ 21	11 $\leftrightarrow$ L
j $\leftrightarrow$ 9	1 $\leftrightarrow$ B	w $\leftrightarrow$ 22	14 $\leftrightarrow$ O
k $\leftrightarrow$ 10	4 $\leftrightarrow$ E	x $\leftrightarrow$ 23	17 $\leftrightarrow$ R
l $\leftrightarrow$ 11	7 $\leftrightarrow$ H	y $\leftrightarrow$ 24	20 $\leftrightarrow$ U
m $\leftrightarrow$ 12	10 $\leftrightarrow$ K	z $\leftrightarrow$ 25	23 $\leftrightarrow$ X

T9 $f(2) = f(15) = 4$

T10 -

T11 Geeignet sind alle natürlichen Zahlen $n > 1$, für die gilt ggT(n, 26) $= 1$; also $n = 3$, 5, 7, 9, 11, 15, 17, 19, 21, 23, 25

T12 -

T13 Für m ist jede Zahl zwischen 1 und 25 geeignet, für n ist eine der Zahlen 3, 5, 7, 9, 11, 15, 17, 19, 21, 23, 25 geeignet; daher gibt es $25 \cdot 11 = 275$ mögliche Chiffren. Solche Chiffren sind nur unwesentlich sicherer.

5 Trigonometrie

874 Im Buch ausgeführt.

875 **a)** $P[5; 53°]$ **b)** $Q[3,6; 124°]$
c) $R[7,2; 214°]$ **d)** $Q[5,1; 349°]$

876 **a)** $P(2|3,5)$ **b)** $Q(-6|0,5)$
c) $R(-3,2|-3,8)$ **d)** $S(2,3|-1,9)$

877 -

878 -

879 **a)** $P(x|y)$ liegt im zweiten Quadranten, wenn $x < 0$ und $y > 0$ ist.
$P(x|y)$ liegt im dritten Quadranten, wenn $x < 0$ und $y < 0$ ist.
$P(x|y)$ liegt im vierten Quadranten, wenn $x > 0$ und $y < 0$ ist.
b) $P[r; \varphi]$ liegt im zweiten Quadranten, wenn $90° < \varphi < 180°$ ist und $r > 0$.
$P[r; \varphi]$ liegt im dritten Quadranten, wenn $180° < \varphi < 270°$ ist und $r > 0$.
$P[r; \varphi]$ liegt im vierten Quadranten, wenn $270° < \varphi < 360°$ ist und $r > 0$.

880 **a)** positive x - Achse (x>0) mit $P(x/0)$
negative x-Achse (x<0) mit $P(x/0)$
positive y-Achse(y>0) mit $P(0/y)$
negative y-Achse (y<0) mit $P(0/y)$
b) positive x - Achse P[r; 0° bzw. 360°]
negative x-Achse P[r; 180°]
positive y-Achse P[r; 90°]
negative y-Achse P[r; 270°]

881 **a)** A, B, E **b)** B, D, E

882 **a)** A, C, D **b)** A, D, E

883 Er hat recht, denn es gilt der Satz von Pythagoras.

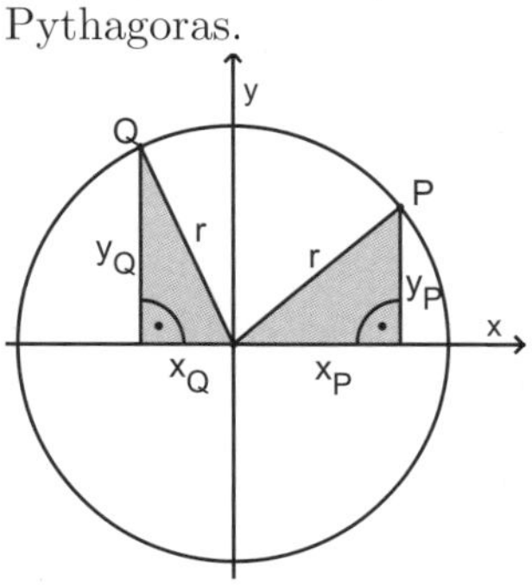

884 $A[3; 40°], B[3; 130°], C[3; 220°], D[3; 310°]$

885 Die Lösung ist nicht eindeutig. Mögliche Lösung:
a) $P_1[5; 0°], P_2[5; 60°], P_3[5; 120°]$, $P_4[5; 180°], P_5[5; 240°], P_6[5; 300°]$
b) $P_1[8; 10°], P_2[8; 70°], P_3[8; 130°]$, $P_4[8; 190°], P_5[8; 250°], P_6[8; 310°]$
c) $P_1[1; 50°], P_2[1; 110°], P_3[1; 170°]$, $P_4[1; 230°], P_5[1; 290°], P_6[5; 350°]$
d) $P_1[9; 0°], P_2[9; 60°], P_3[9; 120°]$, $P_4[9; 180°], P_5[9; 240°], P_6[9; 300°]$

886 -

887 Im Buch ausgeführt.

888 Im Buch ausgeführt.

889 **a)**
$x(0°) = 1; x(90°) = 0; x(180°) = -1; x(270°) = 0$
b) $-1 \leq x \leq 1$
c) $x(\varphi) > 0$, wenn $0° \leq \varphi < 90°$ oder $270° < \varphi \leq 360°$
$x(\varphi) < 0$, wenn $90° < \varphi < 270°$

890 -

891 -

892 -

893 Für(1): $90° \leq \varphi \leq 180°$
Für(2): $180° \leq \varphi \leq 270°$ Für(3): $0° \leq \varphi \leq 90°$
Für(4): $270° \leq \varphi \leq 360°$

894 **a)** $\sin 0° = \sin 180° = 0$, $\sin 90° = 1$, $\sin 270° = -1$
b) $\cos 0° = 1$, $\cos 90° = \cos 270° = 0$, $\cos 180° = -1$

895 **a)** $\varphi = 90°$ **b)** $\varphi = 180°$
c) $\varphi = 0°$, $\varphi = 180°$ oder $\varphi = 360°$
d) $\varphi = 90°$ oder $\varphi = 270°$

896 **a)** $\varphi = 30°$ oder $\varphi = 150°$
b) $\varphi \approx 154,16°$ oder $\varphi \approx 205,84°$
c) $\varphi = 45°$ oder $\varphi = 225°$
d) $\varphi = 135°$ oder $\varphi = 315°$

897 **a)** $\varphi = 45°$ **b)** $\varphi = 330°$

898 -

899 -

900 a) -
b) Beachte die kongruenten Dreiecke!

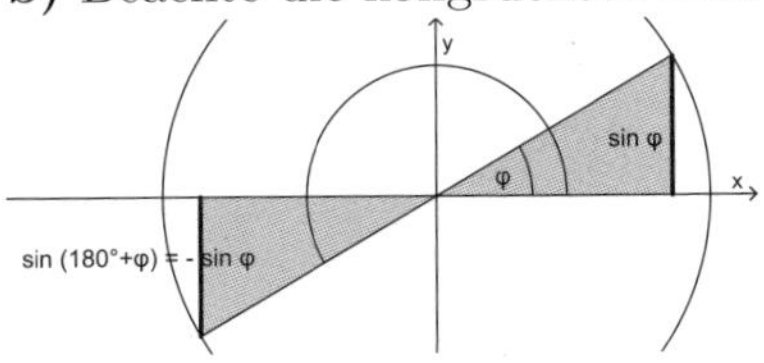

901 a) -
b) Beachte die kongruenten Dreiecke!

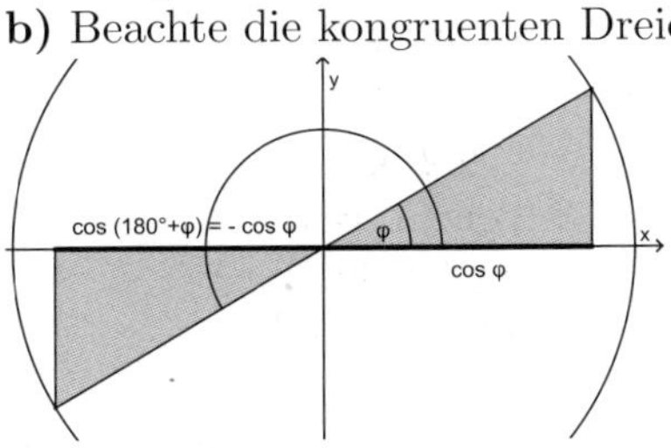

902 a) -
b) Beachte die kongruenten Dreiecke!

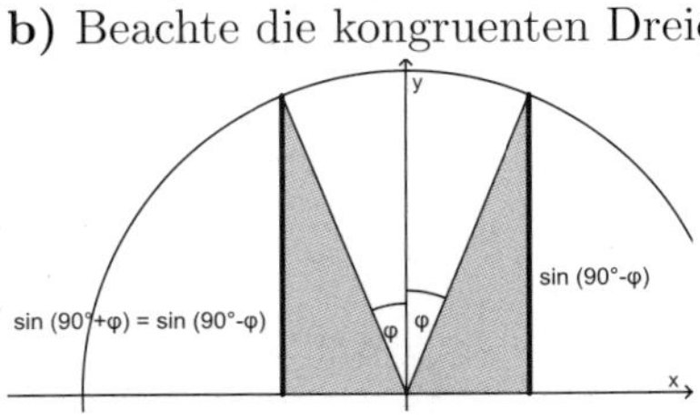

903 a) -
b) Beachte die kongruenten Dreiecke!

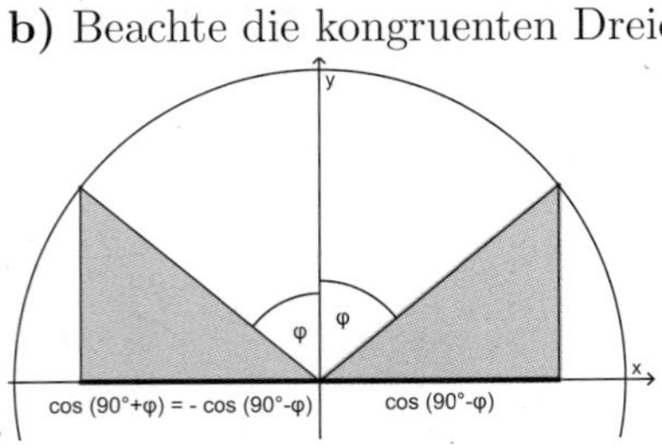

904 a) -
b) Beachte die kongruenten Dreiecke!

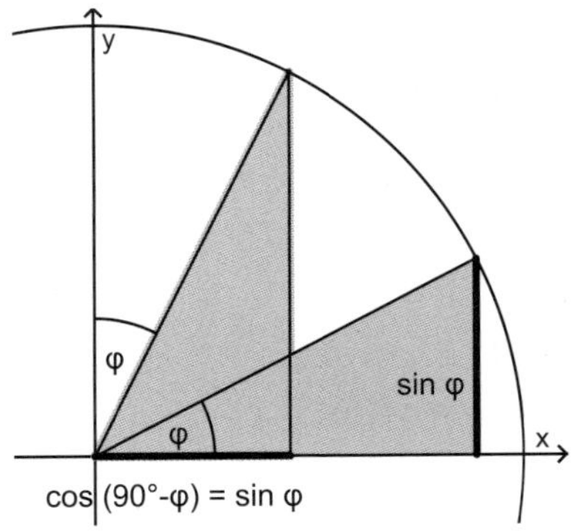

905 Im Buch ausgeführt.

906 Im Buch ausgeführt.

907 Im Buch ausgeführt.

908 Analog zu Beispiel 905 aus dem Buch.
$a : c = \cos\varphi : 1$
$\Rightarrow \cos\varphi = \frac{a}{c} = \frac{\text{Ankathete}}{\text{Hypotenuse}}$

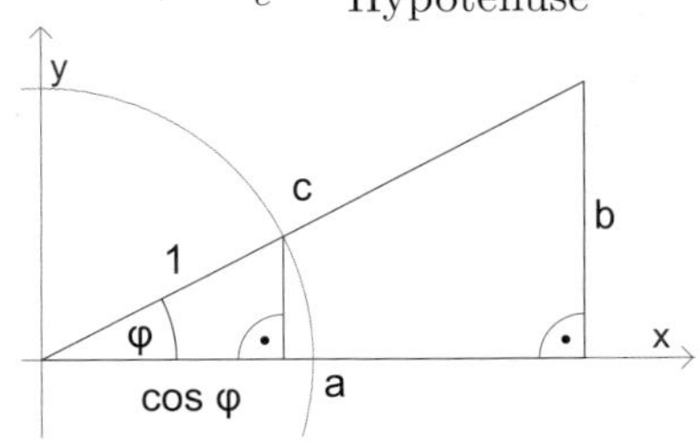

909 a) $\sin\alpha = \frac{h_c}{b}$ b) $\sin\beta = \frac{h_c}{a}$
c) $\cos\alpha = \frac{c_1}{a}$
d) $\cos\beta = \frac{c_2}{a}$

910 a) $b \approx 5{,}2$ cm, $c = 6$ cm, $\beta = 60°$
b) $a \approx 6{,}5$ cm, $c \approx 6{,}8$ cm, $\beta = 17°$
c) $a \approx 1{,}4$ cm, $b \approx 3{,}1$ cm, $\beta = 66°$
d) $a \approx 4{,}8$ cm, $b \approx 6$ cm, $\alpha = 39°$

911 a) $a \approx 9{,}9$ cm, $c \approx 4{,}2$ cm, $\gamma = 25°$
b) $b \approx 4{,}7$ cm, $c \approx 6{,}6$ cm, $\beta = 35,8°$
c) $a \approx 4{,}7$ cm, $b \approx 11{,}0$ cm, $\alpha = 25°$
d) $a \approx 2{,}8$ cm, $c \approx 5{,}9$ cm, $\gamma = 64,9°$

912 a) $b \approx 4{,}1$ cm, $\alpha \approx 62{,}7°, \beta \approx 27{,}3°$
b) $c = 10$ cm, $\alpha \approx 36{,}9°, \beta \approx 53{,}1°$
c) $a \approx 3{,}9$ cm, $\alpha \approx 39{,}6°, \beta \approx 50{,}4°$
d) $c \approx 11{,}5$ cm, $\alpha \approx 28{,}6°, \beta \approx 61{,}4°$

913 a) $c \approx 3{,}1$ cm, $\beta \approx 61{,}0°, \gamma \approx 29,0°$
b) $a \approx 9{,}1$ cm, $\beta \approx 38{,}8°, \gamma \approx 51{,}2°$

c) $b \approx 6{,}4$ cm, $\alpha \approx 69°, \gamma \approx 21°$
d) $c \approx 3{,}5$ cm, $\alpha \approx 37{,}9°, \gamma \approx 52{,}1°$

914 **a)** $u = 10$ cm, A $\approx 5{,}7$ cm^2
b) $u \approx 11{,}7$ cm, A $\approx 7{,}8$ cm^2
c) $u = 10{,}8$ cm, A $\approx 7{,}1$ cm^2

915 -

916 -

917 Im Buch ausgeführt.

918 Im Buch ausgeführt.

919 **a)** $b \approx 17{,}8$ mm, $\alpha \approx 62{,}8°, \gamma \approx 81{,}2°$
b) $c \approx 23{,}7$ mm, $\alpha \approx 37{,}4°, \beta \approx 68{,}6°$
c) $a \approx 56{,}2$ mm, $\beta \approx 17{,}4°, \gamma \approx 35{,}6°$
d) $b \approx 38{,}3$ mm, $\alpha \approx 17{,}9°, \gamma \approx 47{,}1°$

920 **a)** $a \approx 4{,}0$ cm, $c \approx 4{,}6$ cm, $\beta = 46°$
b) $a \approx 2{,}8$ cm, $b \approx 3{,}4$ cm, $\gamma = 53°$
c) $b \approx 3{,}2$ cm, $c \approx 2{,}1$ cm, $\alpha = 40°$
d) $a \approx 1{,}6$ cm, $c \approx 1{,}0$ cm, $\gamma = 26°$
e) $a \approx 2{,}4$ cm, $b \approx 4{,}7$ cm, $\alpha = 30°$
f) $a \approx 37{,}5$ mm, $c \approx 26$ mm, $\gamma = 40°$

921 -

922 AK := Ankathete, GK := Gegenkathete, H := Hypotenuse
a) $\sin 30° = \frac{GK}{H} = \frac{a/2}{a} = \frac{1}{2}$
b) $\sin 60° = \frac{GK}{H} = \frac{h}{a} = \frac{\frac{a}{2}\sqrt{3}}{a} = \frac{1}{2}\sqrt{3}$
c) $\cos 30° = \frac{AK}{H} = \frac{h}{a} = \frac{\frac{a}{2}\sqrt{3}}{a} = \frac{1}{2}\sqrt{3}$
d) $\cos 60° = \frac{AK}{H} = \frac{a/2}{a} = \frac{1}{2}$

923 Behauptung folgt mit Hilfe der Skizze aus $c = a\sqrt{2}$
und $h = \frac{a}{\sqrt{2}}$.

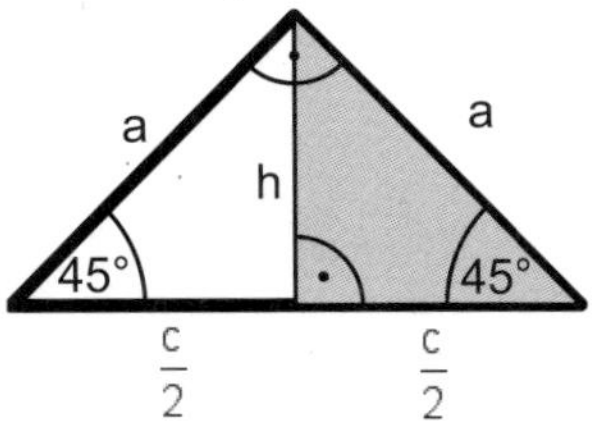

924 -

925 -

926 -

927 $A = \frac{1}{2}a \cdot h_a = \frac{1}{2}a \cdot b \cdot \sin\gamma$

928 $\frac{a}{\sin\alpha} = \frac{b}{\sin\beta} = \frac{c}{\sin\gamma}$

929 -

930 Im Buch ausgeführt.

931 **a)** $a \approx 7{,}1$ cm, $\alpha \approx 58{,}6°, \beta \approx 46{,}4°$
b) $b \approx 6{,}5$ cm, $\beta \approx 65{,}8°, \gamma \approx 34{,}2°$
c) $b \approx 4{,}8$ cm, $\beta \approx 32{,}6°, \alpha \approx 47{,}4°$
d) $a \approx 11{,}8$ cm, $\alpha \approx 87{,}9°, \gamma \approx 40{,}1°$

932 **a)** $a = 69$ mm, $b \approx 79{,}2$ mm, $\gamma = 55°$
b) $b \approx 15{,}1$ cm, $c \approx 17{,}2$ cm, $\alpha = 40°$
c) $a = 8$ cm, $c \approx 13{,}9$ cm, $\beta = 30°$
d) $a \approx 4{,}9$ cm, $c \approx 8{,}3$ cm, $\beta = 110°$

933 **a)** $b \approx 7{,}7$ cm, $c \approx 10{,}7$ cm, $\gamma = 80°$
b) $a \approx 7{,}9$ cm, $b \approx 6{,}5$ cm, $\alpha = 70°$
c) $b \approx 5{,}7$ cm, $c \approx 9{,}3$ cm, $\beta = 24°$
d) $a \approx 10{,}0$ cm, $c \approx 15{,}1$ cm, $\alpha = 25°$

934 **a)** $u \approx 12{,}5$ cm **b)** $u \approx 9{,}6$ cm
c) $u \approx 10{,}1$ cm

935 **a)** Verwende $\sin\varphi = \frac{\text{Gegenkathete}}{\text{Hypotenuse}}$ für jeden Winkel des Dreiecks und weise so den Sinussatz direkt nach.
b) Verwende die beiden rechtwinkligen Dreiecke und berechne $\sin\alpha$ und $\sin\beta$. Verwende dazu den Zusammenhang: $\sin\beta = \sin(180° - \beta)$ (vergl. Aufgabe 936)

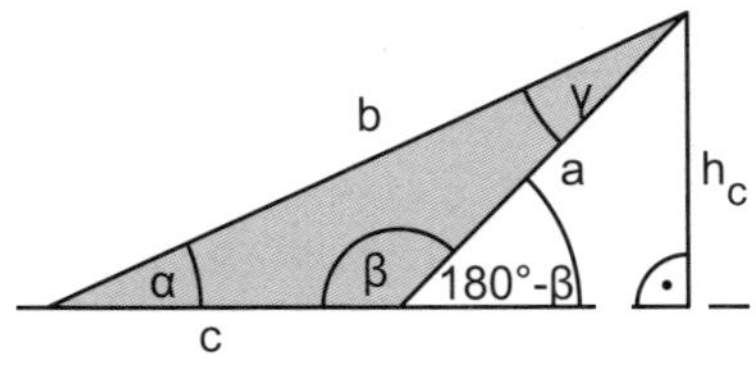

936 Beachte die kongruenten Dreiecke!

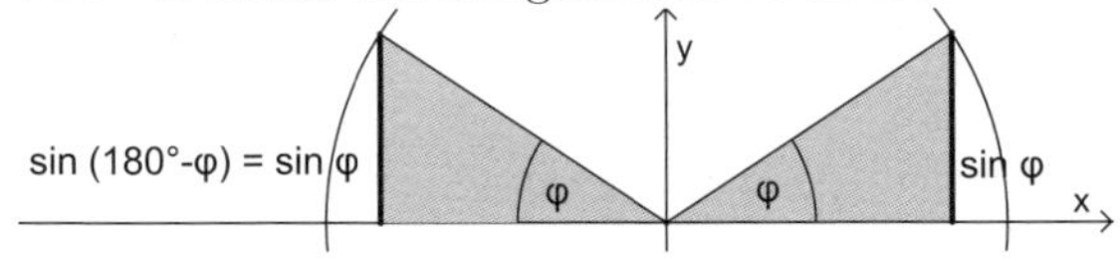

937 Ja, es gibt zwei passende Winkel.

938 -

939 **a)** $b \approx 5$ cm, $\alpha \approx 61,2°, \beta \approx 78,77°$
2. Lösung: $b \approx 1{,}9$ cm, $\alpha \approx 118,8°, \beta \approx 21,2°$
b) $c \approx 4{,}2$ cm, $\beta \approx 71,3°, \gamma \approx 58,65°$
2. Lösung: $c \approx 1{,}8$ cm, $\beta \approx 108,7°, \gamma \approx 21,3°$
c) $b \approx 8{,}3$ cm, $\beta \approx 91,8°, \gamma \approx 56,2°$
2. Lösung: $b \approx 3{,}4$ cm, $\beta \approx 24,2°, \gamma \approx 123,8°$
d) $a \approx 9{,}2$ cm, $\alpha \approx 101,2°, \gamma \approx 58,8°$
2. Lösung: $a \approx 5{,}9$ cm, $\alpha \approx 38,8°, \gamma \approx 121,2°$

940 Im Buch ausgeführt.

941 **a)** $\alpha \approx 40,6°, \beta \approx 50,8°, \gamma \approx 88,6°$
b) $\alpha \approx 84,8°, \beta \approx 35,9°, \gamma \approx 59,3°$
c) $\alpha \approx 19,0°, \beta \approx 140,5°, \gamma \approx 20,6°$
d) $\alpha \approx 30,5°, \beta \approx 43,9°, \gamma \approx 105,6°$

942 **a)** $c \approx 6{,}5$ cm, $\alpha \approx 46,1°, \beta \approx 73,9°$
b) $b \approx 7{,}8$ cm, $\alpha \approx 70,7°, \gamma \approx 27,3°$
c) $a \approx 6{,}0$ cm, $\beta \approx 133,0°, \gamma \approx 26,0°$
d) $c \approx 17{,}2$ cm, $\alpha \approx 43,1°, \beta \approx 16,9°$

943 **a)** $u \approx 15{,}41$ cm **b)** $u \approx 30{,}28$ cm
c) $u \approx 12{,}76$ cm

944 Zeichne in der Skizze die zur längsten Seite des Dreiecks gehörige Höhe ein. Führe den Beweis dann analog zum Beweis für ein spitzwinkliges Dreieck.

945 -

946 **a)**

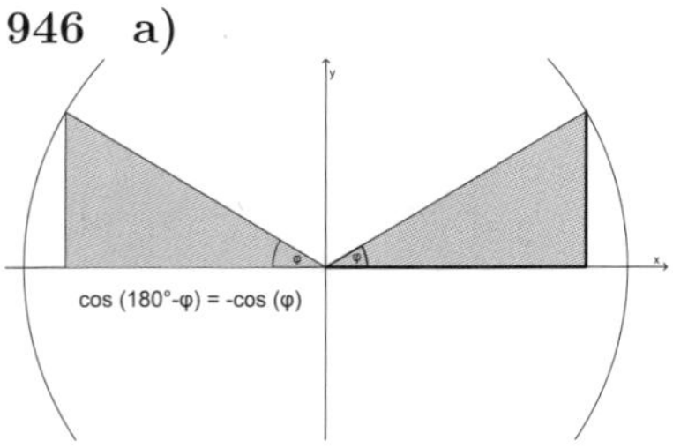

b)

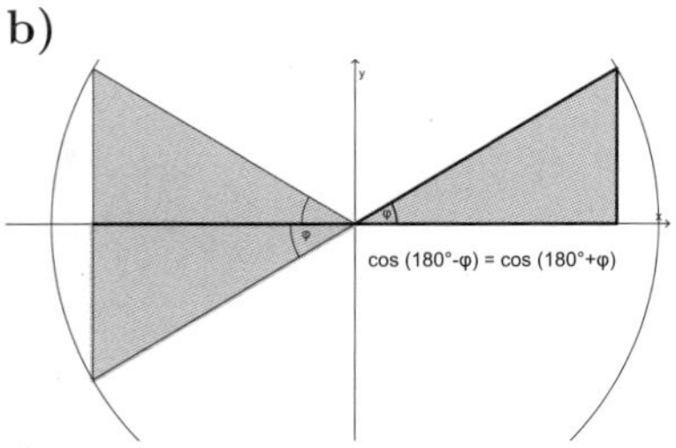

947 Nein, der TR liefert den korrekten Winkel.

948 -

949 -

950 Im Buch ausgeführt.

951 Im Buch ausgeführt.

952 AK:=Ankathete, GK:= Gegenkathete, H:=Hypotenuse
$\tan\varphi = \frac{\sin\varphi}{\cos\varphi} = \frac{\frac{GK}{H}}{\frac{AK}{H}} = \frac{GK}{AK}$

953 $\cos 90° = \cos 270° = 0 \Rightarrow 0$ wäre im Nenner; die Strebe steht senkrecht.

954 -

955 $\tan\varphi$ kann jede reelle Zahl als Wert annehmen; $\tan 0° = \tan 180° = \tan 360° = 0$

956

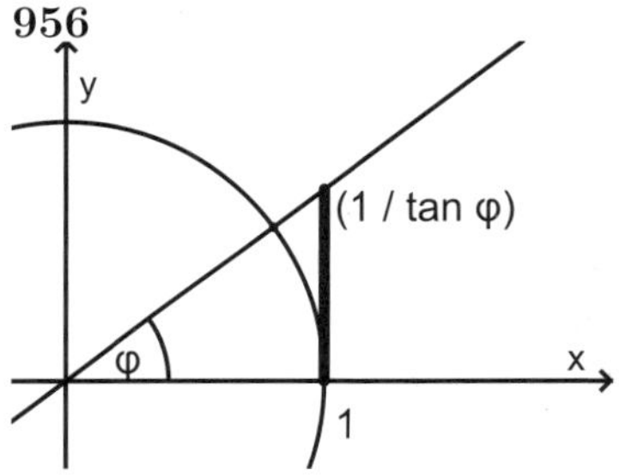

957 **a)** $c \approx 10{,}0$ cm, $\alpha \approx 38,9°, \beta \approx 51,1°$
b) $b \approx 8{,}0$ cm, $\alpha \approx 24,1°, \beta \approx 65,9°$
c) $b \approx 12{,}4$ cm, $c \approx 14{,}3$ cm, $\beta = 59,8°$
d) $a \approx 9{,}9$ cm, $c \approx 10{,}9$ cm, $\alpha = 65°$
e) $a \approx 3{,}8$ cm, $c \approx 9{,}0$ cm, $\beta = 65°$

958 **a)** $a \approx 20{,}2$ cm, $c = 13{,}0$ cm, $\gamma = 40°$
b) $a \approx 11{,}5$ cm, $c \approx 3{,}0$ cm, $\beta = 75°$
c) $a \approx 7{,}3$ cm, $b \approx 8{,}4$ cm, $\gamma = 30°$
d) $a \approx 5{,}8$ cm, $b \approx 6{,}4$ cm, $\alpha = 65°$

959 -

960 $\tan\varphi > 0$ für: $0° < \varphi < 90°$ und $180° < \varphi < 270°$
$\tan\varphi < 0$ für: $90° < \varphi < 180°$ und $270° < \varphi < 360°$

961 **a)** $\tan 30° = \frac{sin30°}{cos30°} = \frac{\frac{1}{2}}{\frac{\sqrt{3}}{2}} = \frac{1}{\sqrt{3}} = \frac{\sqrt{3}}{3}$

b) tan 60° $= \frac{sin60°}{cos60°} = \frac{\frac{\sqrt{3}}{2}}{\frac{1}{2}} = \sqrt{3}$

962 $\alpha \approx 67,65°, \epsilon \approx 59,83°$

963 -

964 Im Buch ausgeführt.

965 Im Buch ausgeführt.

966 Im Buch ausgeführt.

967 a) $A[\sqrt{26}; 11,3°], B[\sqrt{97}; 66,0°]$

b) $K[\sqrt{58}; 66,8°], L[\sqrt{5}; 63,43°]$

c) $C[\sqrt{34}; 121,0°], D[2\sqrt{17}; 104,0°]$

d) $M[\sqrt{26}; 168,7°], N[\sqrt{20}; 116,56°]$

e) $E[\sqrt{65}; 240,3°], F[2\sqrt{17}; 194,0°]$

f) $P[\sqrt{26}; 258,7°], Q[\sqrt{13}; 236,3°]$

g) $G[\sqrt{61}; 320,2°], H[\sqrt{13}; 326,3°]$

h) $S[\sqrt{17}; 346°], H[\sqrt{34}; 329°]$

968 a) $A(2,0|0,2), B(1,6|5,8)$

b) $K(3,46|2), L(0,5|2,95)$

c) $C(-0,4|5,0), D(-2|3,5)$

d) $M(-0,52|2,95), N(-0,94|0,34)$

e) $E(-5,9|-1,0), F(0|-8)$

f) $P(-1,88|-0,68), Q(-2,39|-6,58)$

g) $G(1|-1,7), H(4,9|-0,9)$

969
a) $A[3;0°], B[3;90°], C[3;180°], D[3;270°]$
$A'[15;0°], B'[15;90°], C'[15;180°], D'[15;270°]$

b) $A[4;90°], B[4;210°], C[4;330°]$
$A'[8;90°], B'[8;210°], C'[8;330°]$

c) $A[3;0°], B[3;45°], C[3;90°], D[3;135°]$,
E [3; 180°], $F[3;225°], G[3;270°], H[3;315°]$

$A'[12;0°], B'[12;45°], C'[12;90°], D'[12;135°]$,
E' [12; 180°], $F'[12;225°], G'[12;270°], H'[12;315°]$

970 a) $A'[2\sqrt{5}; 6,6°], B'[5;160°], C'[7;250°]$

b) $A'[\sqrt{10}; 11,6°], B'[7;30°], C'[2;120°]$

c) $A'[10;151,9°], B'[1;205°], C'[\sqrt{2};70°]$

d) $A'[\sqrt{85}; 137,5°], B'[\sqrt{13}; 183,7°]$,
C' [5; 203,1°]

971 Im Buch ausgeführt.

972 ca. 137 m

973 ca. 23 m

974 ca. 20 m

975 ca. 3570 m

976 a) $u \approx 2383,2$ m b) $u \approx 2521,5$ m
c) $u \approx 2468,0$ m

977 $\overline{PQ} \approx 5718$ m

978 $\overline{PQ} \approx 4509$ m

979 ca. 4990 m

980 a) Flughöhe = 6484,18 m
Entfernung zur 1. Radarstation = 12589,7 m
b) 31187,2 m

981 -

982 -

983

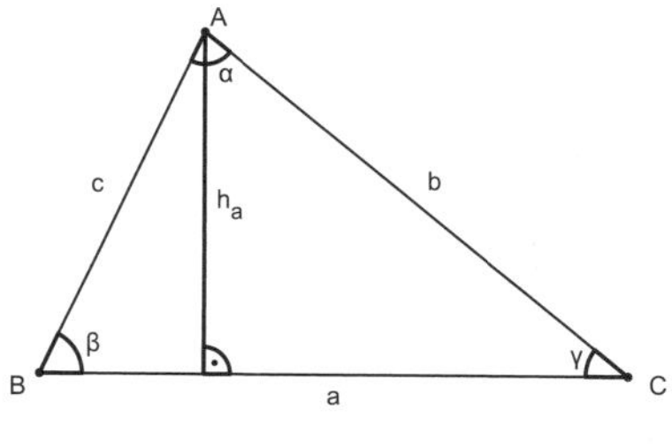

$A = \frac{a \cdot h_a}{2}$, $\sin\gamma = \frac{h_a}{b} \Rightarrow h_a = b \cdot \sin\gamma$

$A = \frac{a \cdot b \cdot \sin\gamma}{2}$

984 -

985 Berechne den Umfang des Parallelogramms:
a) $u \approx 18,7$ cm **b)** $u \approx 16,0$ cm
c) $u \approx 16,5$ cm **d)** $u \approx 19,2$ cm

986 Zeige zuerst $\cos(180° - \varphi) = -\cos\varphi$, formuliere dann den Cosinussatz für e und f und addiere die Gleichungen.

987 **a)** $u \approx 17,4$ cm, $A \approx 16,2$ cm^2
b) $u \approx 17,1$ cm, $A \approx 14,8$ cm^2
c) $u \approx 20,8$ cm, $A \approx 20,3$ cm^2
d) $u \approx 21,7$ cm, $A \approx 17,4$ cm^2

988 **a)** $c \approx 2,3$ cm,
$\alpha \approx 74,8°, \beta \approx 65,9°, \gamma \approx 96,3°, \delta \approx 123°$
b) $d \approx 4,7$ cm, $\alpha \approx 76,8°, \beta \approx 104,9°, \gamma \approx 111,3°$
c) $c \approx 2,8$ cm, $e \approx 4,8$ cm, $f \approx 3,8$ cm,
$\gamma \approx 117,5°, \delta \approx 114,5°$
d) $b \approx 5,2$ cm, $e \approx 6,2$ cm, $f \approx 5,0$ cm,
$\beta \approx 112,5°, \gamma \approx 47,5°$

989 **a)** $A \approx 7{,}6$ cm^2
b) $A \approx 11{,}2$ cm^2
c) $A \approx 7{,}3$ cm^2
d) $A \approx 15{,}3$ cm^2

990 -

991 **a)** $u = 6\sqrt{3} \approx 10,4$ E;
$A = 3\sqrt{3} \approx 5,2$ E^2
b) $u = 20\sqrt{2} \approx 28,3$ E; $A = 50$ E^2
c) $u = 47$ E; $A = 152,17$ E^2
d) $u = 23,5$ E; $A = 38$ E^2

992 -

993 **a)** $V \approx 2,19 \cdot 10^6$ m^3
b) $\alpha \approx 42,0°$

994 $\alpha \approx 51,9°$

995 ca. 19,9 m

996 ca. 65,6 m

997 ca. 45,1 m

998 ca. 52,0 m

999 ca. 306,5 m

1000 ca. 11,1 m

1001 ca. 163,3 m

1002 ca. 505,9 m

1003 ca. 2015 m

1004 **a)** Flugweg $\approx 4037,9$ m; Gleitstrecke $\approx 4020,0$ m
b) Flugweg $\approx 3455,1$ m; Gleitstrecke $\approx 3447,1$ m

1005 **a)** Gleitstrecke ≈ 4215 m; Höhe ≈ 361 m
b) Gleitstrecke ≈ 8449 m; Höhe ≈ 828 m

1006 **a)** $v \approx 37$ km/h $\approx 10,3$ m/s
b) $v \approx 23$ km/h $\approx 6,4$ m/s

1007 **a)** ca. 433 cm **b)** ca. 400 cm

1008 **a)** ca. 762 cm **b)** ca. 1101 cm

1009 **a)** $F_n \approx 669$ N; $F_p \approx 205$ N
b) $F_n \approx 593$ N; $F_p \approx 94$ N

1010 ca. $293 \cdot 10^6$ km

1011 ca. $650 \cdot 10^6$ km

1012 $0,51°$

1013 1. wahr 2. falsch 3. wahr 4. wahr

1014 Welche Punkte liegen auf der vorgegebenen Figur?
1. gleichseitiges Dreieck: [4; 0°]; [4; 120°]; [4; 240°]
2. Quadrat: [4; 0°]; [4; 90°]; [4; 180°]; [4; 270°]

1015 1. wahr 2. falsch 3. wahr 4. falsch

1016 1. falsch 2. wahr 3. wahr 4. wahr

1017 1. Tangens 2. Sinus 3. Cosinus

1018 $P(x_P|y_P) = [r_P; \varphi_P]$ ... Punkt am Einheitskreis
$Q(x_Q|y_Q) = [r_Q; \varphi_Q]$ ... Punkt im Einheitskreis

a) siehe Skizze **b)** $r_P = 1$, $r_Q < 1$
c) $x_P^2 + y_P^2 = 1$; $x_Q^2 + y_Q^2 < 1$
d) $P(\cos\varphi_P|\sin\varphi_P)$; $|x_Q| < |\cos\varphi_Q|$ und $|y_Q| < |\sin\varphi_Q|$

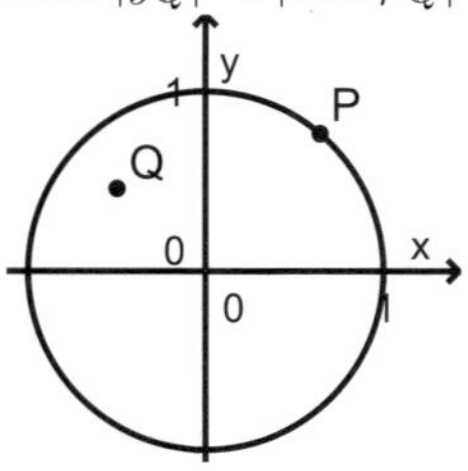

1019 -

1020 -

1021 1. falsch 2. falsch 3. falsch 4. wahr

1022 Für welche Winkel φ stimmt die Aussage?

	0°	30°	110°	150°	270°	300°
1.	○	x	x	x	○	○
2.	x	x	○	○	○	x
3.	○	○	○	○	x	○
4.	x	x	x	x	x	x

1023 1. wahr 2. wahr 3. falsch 4. wahr

1024 1. falsch 2. wahr 3. wahr 4. falsch

1025 1. falsch 2. wahr 3. falsch 4. wahr

1026 Für welche Winkel φ stimmt die Aussage?

	0°	30°	110°	150°	270°	300°
1.	○	x	○	○	○	○
2.	x	x	x	x	○	x
3.	x	○	○	○	○	○

6 Vektoren

1027 Im Buch ausgeführt

1028 **a)** $\vec{AB} = \begin{pmatrix} -3 \\ 2 \end{pmatrix}$ **b)** $\vec{AB} = \begin{pmatrix} 4 \\ -2 \end{pmatrix}$

c) $\vec{AB} = \begin{pmatrix} 2 \\ 6 \end{pmatrix}$ **d)** $\vec{AB} = \begin{pmatrix} 2 \\ -5 \end{pmatrix}$

1029 **a)** $\vec{AB} = \begin{pmatrix} -5 \\ 4 \end{pmatrix}$ $\vec{BC} = \begin{pmatrix} 7 \\ 2 \end{pmatrix}$

b) $\vec{AB} = \begin{pmatrix} 2 \\ 4 \end{pmatrix}$ $\vec{BC} = \begin{pmatrix} 4 \\ -3 \end{pmatrix}$

c) $\vec{AB} = \begin{pmatrix} -2 \\ -6 \end{pmatrix}$ $\vec{BC} = \begin{pmatrix} -5 \\ 3 \end{pmatrix}$

d) $\vec{AB} = \begin{pmatrix} -4 \\ 1 \end{pmatrix}$ $\vec{BC} = \begin{pmatrix} -4 \\ -5 \end{pmatrix}$

1030 **a)** $\vec{AB} = \begin{pmatrix} 2 \\ -4 \end{pmatrix}$ $\vec{BD} = \begin{pmatrix} 1 \\ -2 \end{pmatrix}$

b) $\vec{EF} = \begin{pmatrix} 2 \\ 2 \end{pmatrix}$ $\vec{GH} = \begin{pmatrix} 3 \\ -2 \end{pmatrix}$

c) $\vec{HF} = \begin{pmatrix} -2 \\ -5 \end{pmatrix}$ $\vec{CB} = \begin{pmatrix} 3 \\ -5 \end{pmatrix}$

d) $\vec{CD} = \begin{pmatrix} 4 \\ -7 \end{pmatrix}$ $\vec{FB} = \begin{pmatrix} -5 \\ -1 \end{pmatrix}$

1031 $\vec{AC} = \begin{pmatrix} -1 \\ 1 \end{pmatrix}$ $\vec{CF} = \begin{pmatrix} 8 \\ -4 \end{pmatrix}$

$\vec{FH} = \begin{pmatrix} 2 \\ 5 \end{pmatrix}$

1032 **a)** $\vec{AB} = \begin{pmatrix} 5 \\ 0 \end{pmatrix}$ $\vec{BC} = \begin{pmatrix} 0 \\ 5 \end{pmatrix}$

$\vec{CD} = \begin{pmatrix} -5 \\ 0 \end{pmatrix}$ $\vec{DA} = \begin{pmatrix} 0 \\ -5 \end{pmatrix}$

$\vec{AC} = \begin{pmatrix} 5 \\ 5 \end{pmatrix}$ $\vec{BD} = \begin{pmatrix} -5 \\ 5 \end{pmatrix}$

b) $\vec{AB} = \begin{pmatrix} 4 \\ 0 \end{pmatrix}$ $\vec{BC} = \begin{pmatrix} 0 \\ 4 \end{pmatrix}$

$\vec{CD} = \begin{pmatrix} -4 \\ 0 \end{pmatrix}$ $\vec{DA} = \begin{pmatrix} 0 \\ -4 \end{pmatrix}$

$\vec{AC} = \begin{pmatrix} 4 \\ 4 \end{pmatrix}$ $\vec{BD} = \begin{pmatrix} -4 \\ 4 \end{pmatrix}$

1033 **a)** $\vec{AB} = \begin{pmatrix} 4 \\ 0 \end{pmatrix}$ $\vec{BC} = \begin{pmatrix} 0 \\ 3 \end{pmatrix}$

$\vec{CD} = \begin{pmatrix} -4 \\ 0 \end{pmatrix}$ $\vec{DA} = \begin{pmatrix} 0 \\ -3 \end{pmatrix}$

$\vec{AC} = \begin{pmatrix} 4 \\ 3 \end{pmatrix}$ $\vec{BD} = \begin{pmatrix} -4 \\ 3 \end{pmatrix}$

b) $\vec{AB} = \begin{pmatrix} 3 \\ -2 \end{pmatrix}$ $\vec{BC} = \begin{pmatrix} 4 \\ 6 \end{pmatrix}$

$\vec{CD} = \begin{pmatrix} -3 \\ 2 \end{pmatrix}$ $\vec{DA} = \begin{pmatrix} -4 \\ -6 \end{pmatrix}$

$\vec{AC} = \begin{pmatrix} 7 \\ 4 \end{pmatrix}$ $\vec{BD} = \begin{pmatrix} 1 \\ 8 \end{pmatrix}$

1034 **a)** $\vec{BC} = \vec{AD} = \begin{pmatrix} -1 \\ 6 \end{pmatrix}$

$\vec{AB} = \vec{DC} = \begin{pmatrix} 6 \\ 1 \end{pmatrix}$ **b)** $\vec{AB} = \vec{DC} = \begin{pmatrix} 6 \\ -2 \end{pmatrix}$

$\vec{BC} = \vec{AD} = \begin{pmatrix} 2 \\ 6 \end{pmatrix}$

1035 **a)** $B(7|5)$ **b)** $B(-3|1)$
c) $B(2|5)$ **d)** $(5|-5)$

1036 **a)** A = (1|6) **b)** A = (6|-6)
c) $A(10|-3)$ **d)** $A(4|3)$

1037 **a)** $D(-1|4)$ **b)** $D(-6|0)$
c) $C(6|5)$ **d)** $D(0|4)$

1038 **a)** $D(-1|8)$ **b)** $D(-4|4)$
c) $C(2|6)$ **d)** $C(2|7)$

1039 **a)** $\vec{AB} = \vec{DC} = \begin{pmatrix} 6 \\ 3 \end{pmatrix}$

und $\vec{AD} = \vec{BC} = \begin{pmatrix} -2 \\ 4 \end{pmatrix}$

b) $\vec{AB} = \vec{DC} = \begin{pmatrix} 6 \\ -2 \end{pmatrix}$

und $\vec{AD} = \vec{BC} = \begin{pmatrix} 2 \\ 6 \end{pmatrix}$

1040 **a)** $\vec{AB} = \begin{pmatrix} 3 \\ 2 \end{pmatrix}$ $\vec{BA} = \begin{pmatrix} -3 \\ -2 \end{pmatrix}$

$\vec{AC} = \begin{pmatrix} -3 \\ 4 \end{pmatrix}$ $\vec{CA} = \begin{pmatrix} 3 \\ -4 \end{pmatrix}$

$\vec{BC} = \begin{pmatrix} -6 \\ 2 \end{pmatrix}$ $\vec{CB} = \begin{pmatrix} 6 \\ -2 \end{pmatrix}$

b) $\vec{AB} = \begin{pmatrix} 7 \\ 2 \end{pmatrix}$ $\vec{BA} = \begin{pmatrix} -7 \\ -2 \end{pmatrix}$

$\vec{AC} = \begin{pmatrix} 4 \\ 7 \end{pmatrix}$ $\vec{CA} = \begin{pmatrix} -4 \\ 7 \end{pmatrix}$

$\vec{BC} = \begin{pmatrix} -3 \\ 5 \end{pmatrix}$ $\vec{CB} = \begin{pmatrix} 3 \\ -5 \end{pmatrix}$

1041 -

1042 Im Buch ausgeführt.

1043 Im Buch ausgeführt.

1044 **a)** $\vec{AB} = \begin{pmatrix} -3 \\ 2 \end{pmatrix}$ $\left|\vec{AB}\right| = \sqrt{13}$

b) $\vec{AB} = \begin{pmatrix} 4 \\ -2 \end{pmatrix}$ $\left|\vec{AB}\right| = 2 \cdot \sqrt{5}$

c) $\vec{AB} = \begin{pmatrix} 2 \\ 6 \end{pmatrix}$ $\left|\vec{AB}\right| = 2 \cdot \sqrt{10}$

d) $\vec{AB} = \begin{pmatrix} 2 \\ -5 \end{pmatrix}$ $\left|\vec{AB}\right| = \sqrt{29}$

1045 **a)** $|\vec{a}| = \sqrt{65}$

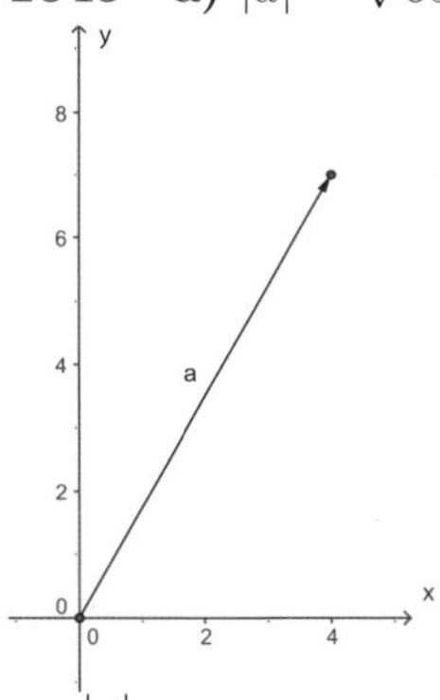

b) $\left|\vec{b}\right| = \sqrt{29}$

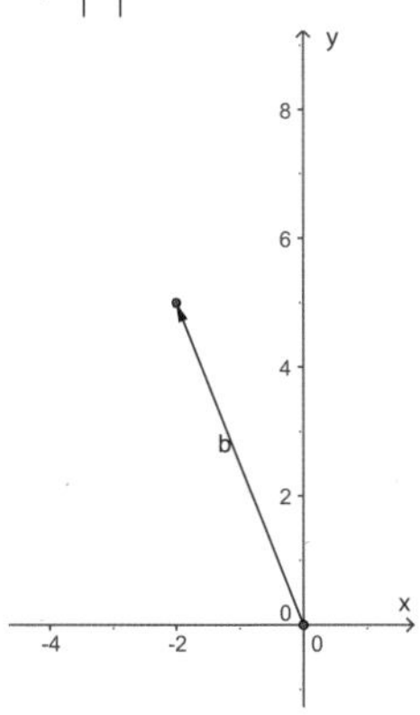

c) $|\vec{c}| = \sqrt{17}$

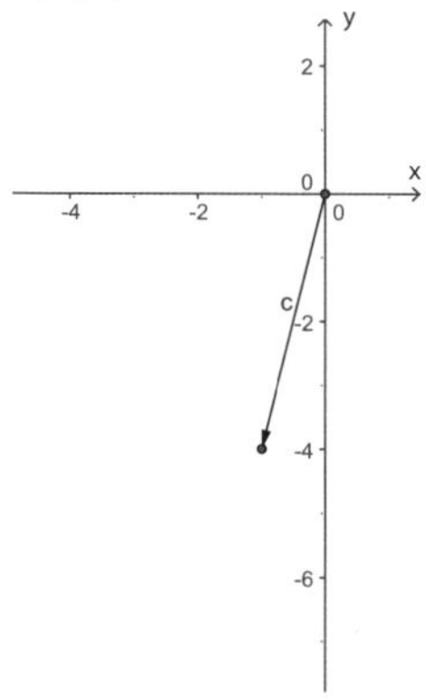

d) $|\vec{a}| = \sqrt{13}$

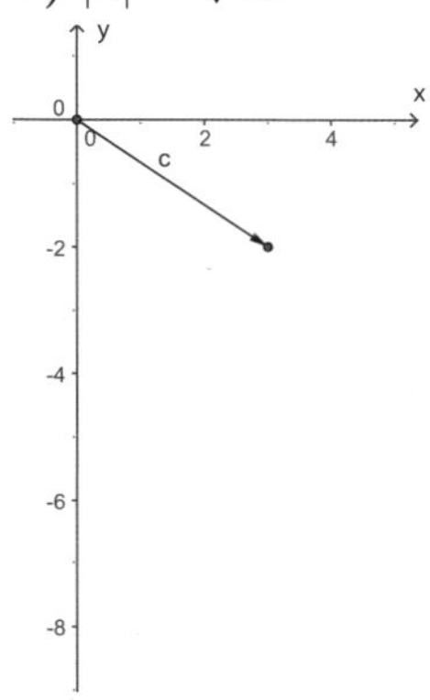

1046 **a)** $\left|\vec{AB}\right| = \sqrt{13}$; $\left|\vec{BC}\right| = \sqrt{40}$

$\left|\vec{AC}\right| = 5$; $U = 14{,}93$ cm

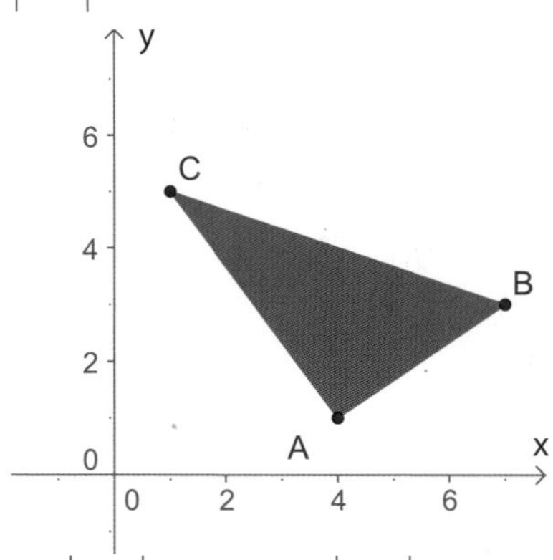

b) $\left|\vec{AB}\right| = \sqrt{40}$; $\left|\vec{BC}\right| = \sqrt{50}$

$\left|\vec{AC}\right| = \sqrt{106}$; $U = 23{,}69$ cm

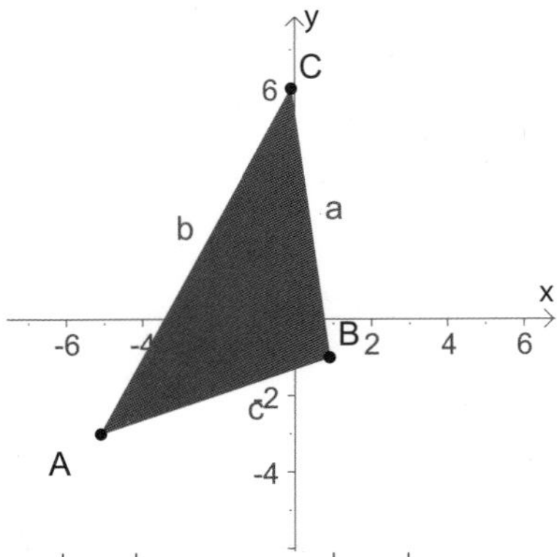

c) $\left|\vec{AB}\right| = \sqrt{68}$; $\quad \left|\vec{BC}\right| = \sqrt{34}$
$\left|\vec{AC}\right| = \sqrt{74}$; $\quad U = 22{,}68$ cm

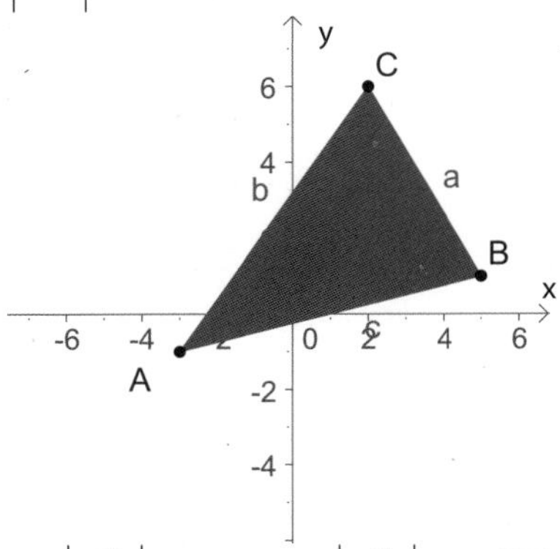

d) $\left|\vec{AB}\right| = \sqrt{61}$; $\quad \left|\vec{BC}\right| = \sqrt{58}$
$\left|\vec{AC}\right| = \sqrt{13}$; $\quad U = 19{,}03$ cm

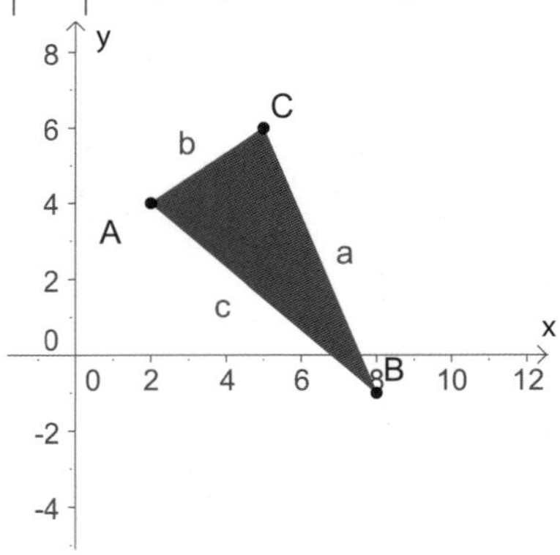

1047 **a)** $\left|\vec{AB}\right| = \sqrt{40}$; $\quad \left|\vec{BC}\right| = \sqrt{10}$;
$U = 18{,}97$ cm

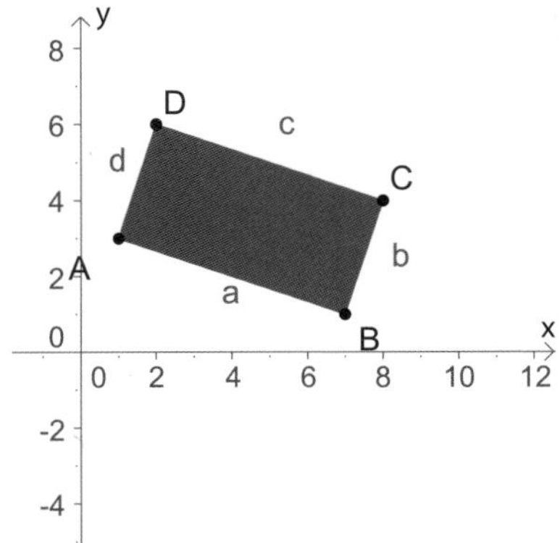

b) $\left|\vec{AB}\right| = \sqrt{80}$ $\left|\vec{BC}\right| = \sqrt{20}$; $U = 26{,}83$ cm

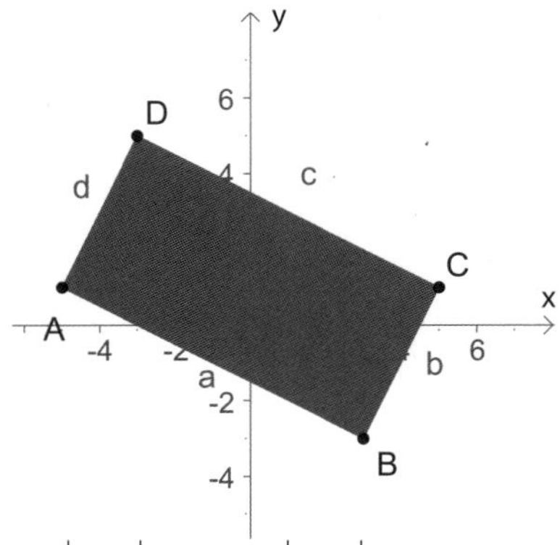

c) $\left|\vec{AB}\right| = \sqrt{17}$ $\left|\vec{BC}\right| = \sqrt{68}$; $U = 24{,}74$ cm

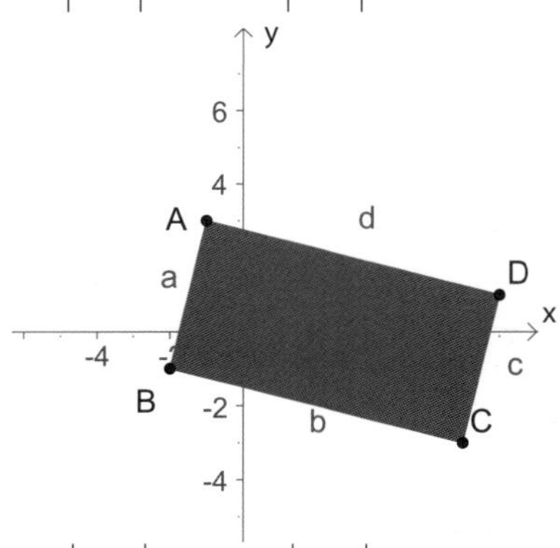

d) $\left|\vec{AB}\right| = \sqrt{45}$ $\left|\vec{BC}\right| = \sqrt{20}$; $U = 22{,}36$ cm

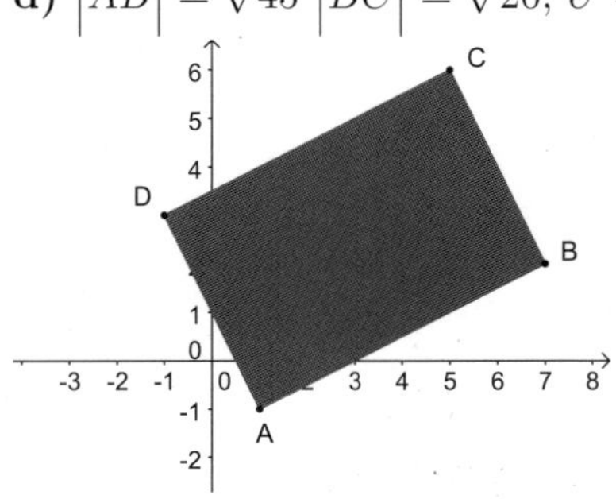

1048 **a)** $\left|\vec{AB}\right| = \sqrt{26}$; $\left|\vec{BC}\right| = \sqrt{13}$;
$\left|\vec{CD}\right| = \sqrt{10}$; $\left|\vec{DE}\right| = \sqrt{37}$
$\left|\vec{EA}\right| = 4$; $U = 21{,}95$ cm

1049 -

1050 **a)** $l \approx 4,58$ cm
b) $l \approx 4,63$ cm

1051 **a)** $l \approx 9,15$ cm
b) $l \approx 9,25$ cm

1052 **a)** $I = \begin{pmatrix} 2,5 \\ 0,5 \end{pmatrix}$ $L = \begin{pmatrix} 0 \\ 0 \end{pmatrix}$
$G = \begin{pmatrix} 1,5 \\ 1,5 \end{pmatrix}$ $M = \begin{pmatrix} 3 \\ 4,5 \end{pmatrix}$ $W = \begin{pmatrix} 4,75 \\ 1,25 \end{pmatrix}$
$R = \begin{pmatrix} 4,5 \\ 3 \end{pmatrix}$
b) $\vec{IL} = \begin{pmatrix} -2,5 \\ -0,5 \end{pmatrix}$ $\vec{IG} = \begin{pmatrix} -1 \\ 1 \end{pmatrix}$
$\vec{IM} = \begin{pmatrix} 0,5 \\ 4 \end{pmatrix}$ $\vec{IW} = \begin{pmatrix} 2,25 \\ 0,75 \end{pmatrix}$
$\vec{IR} = \begin{pmatrix} 2 \\ 2,5 \end{pmatrix}$
c) $\left|\vec{IL}\right| \approx 63,74$ km $\left|\vec{IG}\right| \approx 35,36$ km
$\left|\vec{IM}\right| \approx 100,78$ km $\left|\vec{IW}\right| \approx 59,29$ km
$\left|\vec{IR}\right| \approx 80,04$ km

1053 -

1054 -

1055 Im Buch ausgeführt.

1056 Im Buch ausgeführt.

1057 $\vec{a} = \begin{pmatrix} 12 \\ 13 \end{pmatrix}$ $\vec{b} = \begin{pmatrix} 17 \\ 6 \end{pmatrix}$
$\vec{c} = \begin{pmatrix} 21 \\ 3 \end{pmatrix}$ $Gesamt = \begin{pmatrix} 50 \\ 22 \end{pmatrix}$

1058 $\vec{a} = \begin{pmatrix} 4 \\ 19 \end{pmatrix}$ $\vec{b} = \begin{pmatrix} 2 \\ 20 \end{pmatrix}$
$\vec{c} = \begin{pmatrix} 6 \\ 18 \end{pmatrix}$ $Gesamt = \begin{pmatrix} 12 \\ 57 \end{pmatrix}$

1059 **a)** $\vec{a} + \vec{b} = \begin{pmatrix} 7 \\ 3 \end{pmatrix}$ **b)** $\vec{a} + \vec{b} = \begin{pmatrix} 1 \\ 2 \end{pmatrix}$
c) $\vec{a} + \vec{b} = \begin{pmatrix} 5 \\ 5 \end{pmatrix}$ **d)** $\vec{a} + \vec{b} = \begin{pmatrix} -8 \\ 0 \end{pmatrix}$

1060 **a)** $\vec{a} + \vec{b} = \begin{pmatrix} 3 \\ 7 \end{pmatrix}$ **b)** $\vec{a} + \vec{b} = \begin{pmatrix} -3 \\ 1 \end{pmatrix}$
c) $\vec{a} + \vec{b} = \begin{pmatrix} -6 \\ 16 \end{pmatrix}$ **d)** $\vec{a} + \vec{b} = \begin{pmatrix} 1 \\ -2 \end{pmatrix}$

1061 **a)** $\vec{a} + \vec{b} = \begin{pmatrix} 3 \\ 1 \end{pmatrix}$ **b)** $\vec{c} + \vec{d} = \begin{pmatrix} -2 \\ 3 \end{pmatrix}$
c) $\vec{a} + \vec{b} + \vec{c} + \vec{d} = \begin{pmatrix} 1 \\ 4 \end{pmatrix}$
d) $\vec{b} + \vec{b} + \vec{b} + \vec{c} + \vec{c} = \begin{pmatrix} 7 \\ 13 \end{pmatrix}$

1062 **a)** $\vec{F} = \vec{F_1} + \vec{F_2} = \begin{pmatrix} 2 \\ -6 \end{pmatrix}$
b) -

1063 **a)** $\vec{F} = \vec{F_1} + \vec{F_2} = \begin{pmatrix} 1 \\ -8 \end{pmatrix}$
b) $\vec{F} = \vec{F_1} + \vec{F_2} = \begin{pmatrix} 2 \\ -9 \end{pmatrix}$

1064 -

1065 -

1066 **a)** $\vec{a} + \vec{b} = \begin{pmatrix} 5 \\ 9 \end{pmatrix}$; $\vec{a} + (-\vec{b}) = \begin{pmatrix} 1 \\ -1 \end{pmatrix}$
$\vec{b} + (-\vec{a}) = \begin{pmatrix} -1 \\ 1 \end{pmatrix}$
b) $\vec{a} + \vec{b} = \begin{pmatrix} 1 \\ 3 \end{pmatrix}$; $\vec{a} + (-\vec{b}) = \begin{pmatrix} -3 \\ 9 \end{pmatrix}$
$\vec{b} + (-\vec{a}) = \begin{pmatrix} 3 \\ -9 \end{pmatrix}$

1067 -

1068 Klasse 1

8 Schüler/-innen lernen Französisch
3 Schüler/-innen lernen Italienisch
1 Schüler/-innen lernen Russisch
2 Schüler/-innen lernen Spanisch

Klasse 2

6 Schüler/-innen lernen Französisch
6 Schüler/-innen lernen Italienisch
2 Schüler/-innen lernen Russisch

5 Schüler/-innen lernen Spanisch

1069 Gesamt

15 Schüler/-innen lernen Französisch
10 Schüler/-innen lernen Italienisch
11 Schüler/-innen lernen Russisch
11 Schüler/-innen lernen Spanisch

1070 Im Buch ausgeführt.

1071 Im Buch ausgeführt.

1072 **a)** $\vec{P_1} = P + \vec{s} = \begin{pmatrix} 5 \\ 4 \end{pmatrix}$

$\vec{P_2} = P + 2\vec{s} = \begin{pmatrix} 8 \\ 2 \end{pmatrix}$

$\vec{P_3} = P + 3\vec{s} = \begin{pmatrix} 11 \\ 0 \end{pmatrix}$

b) $\vec{P_1} = P + \vec{s} = \begin{pmatrix} 1 \\ -2 \end{pmatrix}$

$\vec{P_2} = P + 2\vec{s} = \begin{pmatrix} 6 \\ 1 \end{pmatrix}$

$\vec{P_3} = P + 3\vec{s} = \begin{pmatrix} 11 \\ 4 \end{pmatrix}$

c) $\vec{P_1} = P + \vec{s} = \begin{pmatrix} 1 \\ 3 \end{pmatrix}$

$\vec{P_2} = P + 2\vec{s} = \begin{pmatrix} 2 \\ 3 \end{pmatrix}$

$\vec{P_3} = P + 3\vec{s} = \begin{pmatrix} 3 \\ 3 \end{pmatrix}$

d) $\vec{P_1} = P + \vec{s} = \begin{pmatrix} -1 \\ 1 \end{pmatrix}$

$\vec{P_2} = P + 2\vec{s} = \begin{pmatrix} 2 \\ 2 \end{pmatrix}$

$\vec{P_3} = P + 3\vec{s} = \begin{pmatrix} 5 \\ 3 \end{pmatrix}$

1073 **a)** $2\vec{a} = \begin{pmatrix} 6 \\ -8 \end{pmatrix}$ **b)** $3\vec{a} + \vec{b} = \begin{pmatrix} 11 \\ -7 \end{pmatrix}$

c) $5\vec{a} + 3\vec{b} = \begin{pmatrix} 21 \\ -5 \end{pmatrix}$ **d)** $2\vec{a} + (-4\vec{b}) = \begin{pmatrix} -2 \\ -28 \end{pmatrix}$

e) $\vec{a} + (-2\vec{b}) = \begin{pmatrix} -1 \\ -14 \end{pmatrix}$

f) $(-4\vec{a}) + 2\vec{b} = \begin{pmatrix} -8 \\ 26 \end{pmatrix}$

1074 **a)** $\vec{p} = \begin{pmatrix} 3 \\ -5 \end{pmatrix}$ **b)** $\vec{p} = \begin{pmatrix} 2 \\ 3 \end{pmatrix}$

c) $\vec{p} = \begin{pmatrix} 5 \\ 3 \end{pmatrix}$ **d)** $\vec{p} = \begin{pmatrix} 5 \\ -6 \end{pmatrix}$

e) $\vec{p} = \begin{pmatrix} -4 \\ -5 \end{pmatrix}$ **f)** $\vec{p} = \begin{pmatrix} 5 \\ -1 \end{pmatrix}$

1075 **a)** $\vec{p} = \begin{pmatrix} 2 \\ -3 \end{pmatrix}$ **b)** $\vec{p} = \begin{pmatrix} 5 \\ -7 \end{pmatrix}$

c) $\vec{p} = \begin{pmatrix} -4 \\ 3 \end{pmatrix}$ **d)** $\vec{p} = \begin{pmatrix} -7 \\ -5 \end{pmatrix}$

1076 -

1077 **a)** parallel; r = -0,9 **b)** nicht parallel
c) nicht parallel **d)** parallel; r = -2
e) parallel; $r = -\frac{2}{7}$ **f)** parallel; $r = \frac{5}{4}$

1078 **a)** $\vec{AB} = \begin{pmatrix} 5 \\ 1 \end{pmatrix}$ $\vec{CD} = \begin{pmatrix} 5 \\ 1 \end{pmatrix}$; parallel (ident)

b) $\vec{AB} = \begin{pmatrix} -4 \\ -6 \end{pmatrix}$ $\vec{CD} = \begin{pmatrix} 4 \\ 6 \end{pmatrix}$; parallel

1079 **a)** $\vec{AB} \| \vec{DC}$; $r = 2$
b) $\vec{AB} \| \vec{DC}$; $r = 2$

1080 Die angeführten Rechengesetze für Vektoren ergeben sich aus den Rechengesetzen für das Addieren und Multiplizieren reeller Zahlen.

1081 -

1082 -

1083 parallel; r = -1

1084 parallel; r = -1

1085 -

1086 Im Buch ausgeführt.

1087 Im Buch ausgeführt.

1088 $\begin{pmatrix} 23 \\ 17 \end{pmatrix} \cdot \begin{pmatrix} 5,50 \\ 8,20 \end{pmatrix}$ = 265,9 €

1089 $\begin{pmatrix} 22 \\ 15 \end{pmatrix} \cdot \begin{pmatrix} 5,90 \\ 2,20 \end{pmatrix}$ = 162,80 €

1090 $\begin{pmatrix} 78 \\ 12 \end{pmatrix} \cdot \begin{pmatrix} 130 \\ 60 \end{pmatrix}$ = 10860 €

1091 a) $\vec{a}\cdot\vec{b_1}=18$; $\vec{a}\cdot\vec{b_2}=-1$; $\vec{a}\cdot\vec{b_3}=-19$
b) $\vec{a}\cdot\vec{b_1}=26$; $\vec{a}\cdot\vec{b_2}=0$; $\vec{a}\cdot\vec{b_3}=-12$
c) $\vec{a}\cdot\vec{b_1}=18$; $\vec{a}\cdot\vec{b_2}=-8$; $\vec{a}\cdot\vec{b_3}=-22$
d) $\vec{a}\cdot\vec{b_1}=18$; $\vec{a}\cdot\vec{b_2}=0$; $\vec{a}\cdot\vec{b_3}=-15$
e) $\vec{a}\cdot\vec{b_1}=2$; $\vec{a}\cdot\vec{b_2}=-8$; $\vec{a}\cdot\vec{b_3}=-10$

positiv wenn spitzer Winkel
negativ wenn stumpfer Winkel
0 wenn rechter Winkel

1092 a) $\vec{a}\cdot\vec{b}=24$ b) $\vec{a}\cdot\vec{b}=-5$
c) $\vec{a}\cdot\vec{b}=0$ d) $\vec{a}\cdot\vec{b}=1$

1093 a) $\vec{a}\cdot\vec{b}=-2$ b) $\vec{a}\cdot\vec{b}=-3$
c) $\vec{a}\cdot\vec{b}=0$ d) $\vec{a}\cdot\vec{b}=6$

1094 -

1095 a) $\vec{a}\cdot\vec{b}=46$ b) $\vec{a}\cdot\vec{b}=22$
c) $\vec{a}\cdot\vec{b}=13300$ d) $\vec{a}\cdot\vec{b}=0$

1096 a) $\vec{a}\cdot\vec{b}=134$ b) $\vec{a}\cdot\vec{b}=41$

1097 Im Buch ausgeführt.

1098 Im Buch ausgeführt.

1099 a) $\vec{a}\perp\begin{pmatrix}-1\\3\end{pmatrix}$; $\vec{a}\perp\begin{pmatrix}1\\-3\end{pmatrix}$
b) $\vec{a}\perp\begin{pmatrix}3\\5\end{pmatrix}$; $\vec{a}\perp\begin{pmatrix}3\\5\end{pmatrix}$
c) $\vec{a}\perp\begin{pmatrix}4\\6\end{pmatrix}$; $\vec{a}\perp\begin{pmatrix}-4\\-6\end{pmatrix}$
d) $\vec{a}\perp\begin{pmatrix}4\\-3\end{pmatrix}$; $\vec{a}\perp\begin{pmatrix}-4\\3\end{pmatrix}$

1100 a) $\vec{a}\cdot\vec{b}=9$; nein
b) $\vec{a}\cdot\vec{b}=0$; ja
c) $\vec{a}\cdot\vec{b}=0$; ja

1101 a) $\vec{a}\perp\begin{pmatrix}-5\\2\end{pmatrix}$ b) $\vec{a}\perp\begin{pmatrix}-5\\-4\end{pmatrix}$
c) $\vec{a}\perp\begin{pmatrix}1\\7\end{pmatrix}$ d) $\vec{a}\perp\begin{pmatrix}2\\-5\end{pmatrix}$

1102

$$\begin{pmatrix}a_1\\a_2\end{pmatrix}\cdot\begin{pmatrix}-a_2\\a_1\end{pmatrix}=a_1\cdot(-a_2)+a_2\cdot a_1=0$$

$$\begin{pmatrix}a_1\\a_2\end{pmatrix}\cdot\begin{pmatrix}a_2\\-a_1\end{pmatrix}=a_1\cdot a_2+a_2\cdot(-a_1)=0$$

1103 a) $\vec{v}\perp\begin{pmatrix}-5\\2\end{pmatrix}$; $\vec{v}\perp\begin{pmatrix}5\\-2\end{pmatrix}$
b) $\vec{v}\perp\begin{pmatrix}3\\2\end{pmatrix}$; $\vec{v}\perp\begin{pmatrix}-3\\-2\end{pmatrix}$
c) $\vec{v}\perp\begin{pmatrix}-4\\-1\end{pmatrix}$; $\vec{v}\perp\begin{pmatrix}4\\1\end{pmatrix}$
d) $\vec{v}\perp\begin{pmatrix}3\\-5\end{pmatrix}$; $\vec{v}\perp\begin{pmatrix}-3\\5\end{pmatrix}$

1104 a) Halbe Länge: $\vec{v}\perp\begin{pmatrix}1\\2\end{pmatrix}$
Doppelte Länge: $\vec{v}\perp\begin{pmatrix}-4\\-8\end{pmatrix}$
b) Halbe Länge: $\vec{v}\perp\begin{pmatrix}4\\3\end{pmatrix}$
Doppelte Länge: $\vec{v}\perp\begin{pmatrix}-16\\-12\end{pmatrix}$
c) Halbe Länge: $\vec{v}\perp\begin{pmatrix}6\\-5,5\end{pmatrix}$
Doppelte Länge: $\vec{v}\perp\begin{pmatrix}-24\\22\end{pmatrix}$
d) Halbe Länge: $\vec{v}\perp\begin{pmatrix}-3,5\\1,5\end{pmatrix}$
Doppelte Länge: $\vec{v}\perp\begin{pmatrix}14\\-6\end{pmatrix}$

1105 a) $\vec{AC}\perp\vec{BC}$
b) $\vec{AB}\perp\vec{BC}$
c) $\vec{AB}\perp\vec{BC}$
d) $\vec{AB}\perp\vec{BC}$

1106 a) $C(4|7)$ $D(-9|4)$
b) $C(9|4)$ $D(-1|6)$
c) $A(-4|-5)$ $B(7|-6)$
d) $A(-1|1)$ $B(3|-2)$

1107 a) $C(5|0)$; $D(-5|-2)$

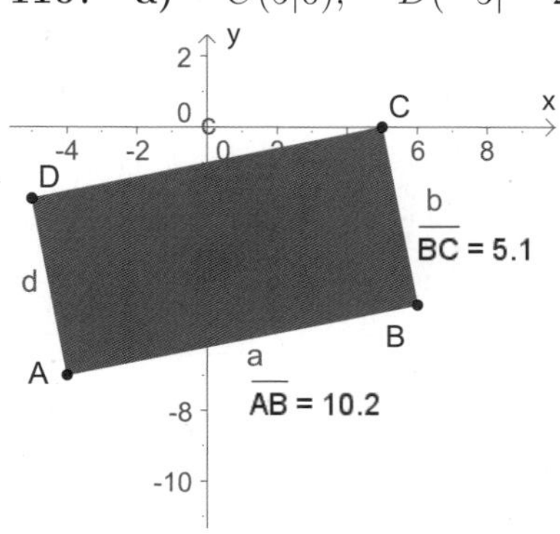

b) $C(4|3)$; $D(-4|5)$

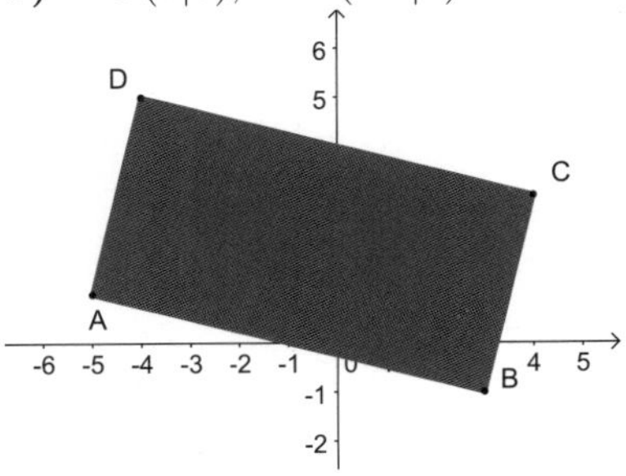

c) $A(-3|2)$; $B(3|-2)$

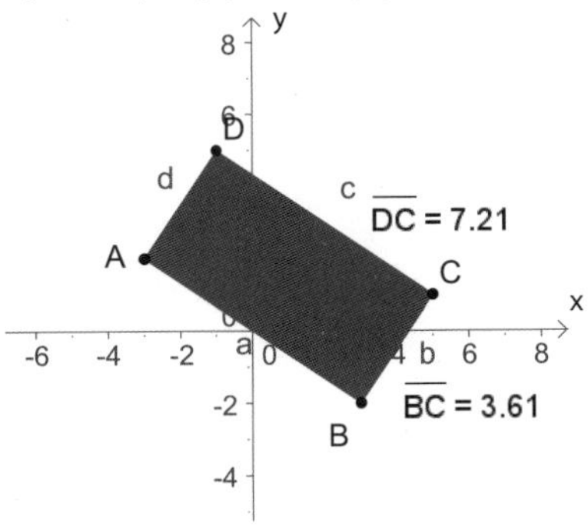

d) $A(-5|-3)$; $B(3|-1)$

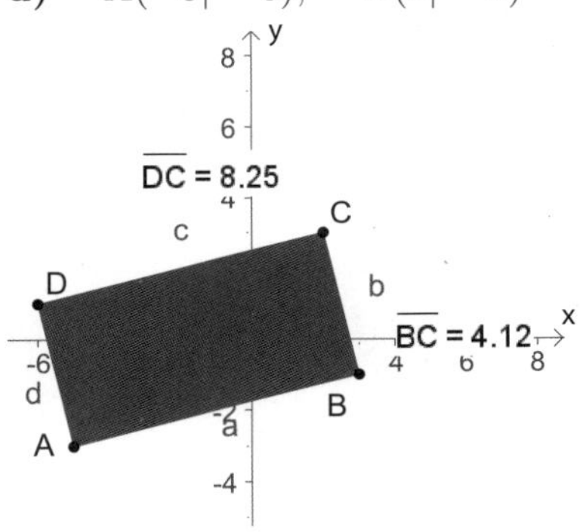

1108 a) $\vec{AC} \perp \vec{BD}$
b) $\vec{AC} \perp \vec{BD}$ und $\vec{BC} \perp \vec{CD}$
c) $\vec{AC} \perp \vec{BD}$
d) $\vec{BC} \perp \vec{CD}$
$\vec{AB} \perp \vec{BC}$
$\vec{DA} \perp \vec{AB}$
$\vec{CD} \perp \vec{DA}$
$\vec{AC} \perp \vec{BD}$

1109 a) $\vec{AC} \perp \vec{BD}$
b) $\vec{AE} \perp \vec{DE}$
$\vec{AC} \perp \vec{CD}$
$\vec{BD} \perp \vec{DE}$
$\vec{BC} \perp \vec{CE}$
$\vec{AD} \perp \vec{BE}$
$\vec{AB} \perp \vec{BD}$
$\vec{AE} \perp \vec{AB}$
c) $\vec{AB} \perp \vec{BC}$
$\vec{AD} \perp \vec{CD}$
$\vec{CE} \perp \vec{AE}$
$\vec{AD} \perp \vec{BE}$
d) $\vec{AB} \perp \vec{BC}$
$\vec{AB} \perp \vec{AE}$
$\vec{AD} \perp \vec{CD}$
$\vec{BD} \perp \vec{DE}$
$\vec{AE} \perp \vec{CE}$
$\vec{AC} \perp \vec{BE}$
$\vec{BC} \perp \vec{CE}$

1110 -

1111 -

1112 Im Buch ausgeführt.

1113 Im Buch ausgeführt.

1114 a) $\varphi \approx 30,96°$ **b)** $\varphi = 45°$
c) $\varphi \approx 59,04°$ **d)** $\varphi = 90°$
e) $\varphi \approx 116,57°$ **f)** $\varphi = 180°$

1115 a) $\alpha \approx 64,65°$ **b)** $\alpha = 90°$
c) $\alpha = 90°$

1116 a) $\alpha \approx 71,57°$; $\beta = 45°$; $\gamma \approx 63,43°$
b) $\alpha \approx 36,87°$; $\beta \approx 56,31°$; $\gamma \approx 86,82°$
c) $\alpha \approx 31,26°$; $\beta \approx 86,63°$; $\gamma \approx 62,10°$
d) $\alpha \approx 35,54°$; $\beta \approx 43,15°$; $\gamma \approx 101,31°$

1117 a) $\alpha = 45°$; $\beta \approx 63,43°$; $\gamma \approx 71,57°$
b) $\alpha \approx 18,43°$; $\beta \approx 104,04°$; $\gamma \approx 57,53°$
c) $\alpha \approx 46,74°$; $\beta \approx 10,36°$; $\gamma \approx 122,91°$
d) $\alpha \approx 25,24°$; $\beta \approx 117,26°$; $\gamma \approx 37,5°$

1118 a) $\alpha = 53,13°$; $\beta = 135°$; $\gamma = 36,87°$
$\delta = 135°$
b) $\alpha = 36,87°$; $\beta = 116,57°$; $\gamma = 90°$
$\delta = 116,57°$
c) $\alpha = 49,4°$; $\beta = 137,73°$; $\gamma = 56,31°$
$\delta = 116,57°$
d) alle Winkel 90°

1119 a) $\alpha = 93,75°$; $\beta = 102,34°$; $\gamma = 79,51°$
$\delta = 236,89°$; $\varepsilon = 27,51°$
b) $\alpha = 90°$; $\beta = 116,57°$; $\gamma = 135°$
$\delta = 108,43°$; $\varepsilon = 90°$
c) $\alpha = 71,57°$; $\beta = 90°$; $\gamma = 135°$
$\delta = 135°$; $\varepsilon = 108,43°$
d) $\alpha = 90°$; $\beta = 90°$; $\gamma = 98,13°$

$\delta = 135°$; $\varepsilon = 126,87°$

1120 -

1121 -

1122 Im Buch ausgeführt

1123 Im Buch ausgeführt

1124 Im Buch ausgeführt

1125 **a)** $\vec{v_0} = \frac{1}{13}\begin{pmatrix} -5 \\ 12 \end{pmatrix}$ **b)** $\vec{v_0} = \begin{pmatrix} 0,6 \\ -0,8 \end{pmatrix}$
c) $\vec{v_0} = \begin{pmatrix} 0,8 \\ -0,6 \end{pmatrix}$ **d)** $\vec{v_0} = \begin{pmatrix} 0,28 \\ -0,96 \end{pmatrix}$
e) $\vec{v_0} = \frac{1}{1,7}\begin{pmatrix} -0,8 \\ 1,5 \end{pmatrix}$ **f)** $\vec{v_0} = \frac{1}{2,6}\begin{pmatrix} 1 \\ -2,4 \end{pmatrix}$

1126 **a)** $\vec{AB_0} = \frac{1}{10}\begin{pmatrix} 8 \\ -6 \end{pmatrix}$
b) $\vec{AB_0} = \frac{1}{13}\begin{pmatrix} 5 \\ -12 \end{pmatrix}$
c) $\vec{AB_0} = \frac{1}{17}\begin{pmatrix} 8 \\ 15 \end{pmatrix}$ **d)** $\vec{AB_0} = \frac{1}{25}\begin{pmatrix} 7 \\ 24 \end{pmatrix}$
e) $\vec{AB_0} = \frac{1}{5}\begin{pmatrix} 3 \\ 4 \end{pmatrix}$ **f)** $\vec{AB_0} = \frac{1}{15}\begin{pmatrix} 9 \\ 12 \end{pmatrix}$

1127 **a)** $S(2,8|4,4)$ **b)** $S = \frac{10}{13} \cdot (12|5)$
c) $S(12|2)$ **d)** $S(6|10)$

1128 $C(6,6|6,2)$

1129 **a)** $P'(6|5)$ $Q'(-10|-7)$
b) $P'(10|8)$ $Q'(-6|-4)$

1130 **a)** $P(0|1,5)$ $Q(8|7,5)$
b) $P(-7|6)$ $Q(5|-10)$
c) $P(1,5|-3)$ $Q(7,5|5)$

1131 **a)** $A_1(-2,4|3,2)$ $A_2(-0,8|4,4)$
$A_3(0,8|5,6)$ $A_4(2,4|6,8)$
b) $A_1(-2|-1)$ $A_2(2|2)$
c) $A_1(0,5|-1)$ $A_2(2|1)$ $A_3(3,5|3)$

1132 **a)** $A_1(3,4|1,2)$ **b)** $A_1(0,8|5,6)$
c) $A_1(1,2|0,6)$ **d)** $A_1(3|2)$

1133 **a)** $A_1(0|1)$ **b)** $A_1(-1|-1)$
c) $A_1(-2|0)$ **d)** $A_1(2|3)$

1134 **a)** $\left|\vec{b_{\underline{a}}}\right| = 10$ **b)** $\left|\vec{b_{\underline{a}}}\right| = 2$
c) $\left|\vec{b_{\underline{a}}}\right| = 8,24$ **d)** $\left|\vec{b_{\underline{a}}}\right| = 2,6$

1135 **a)** $\left|\vec{a_{\underline{b}}}\right| \approx 8,49$ **b)** $\left|\vec{a_{\underline{b}}}\right| \approx 2,83$

1136 **a)** $|\vec{a_x}| = 0$; $|\vec{a}| = 5$ **b)** $\left|\vec{b_x}\right| = 3$; $\left|\vec{b}\right| = 5$
c) $|\vec{c_x}| = 4$; $|\vec{c}| = 5$ **d)** $\left|\vec{d_x}\right| = 5$; $\left|\vec{d}\right| = 5$

1137 **a)** $\left|\vec{AB_y}\right| = 0$ **b)** $\left|\vec{AB_y}\right| = 3$
c) $\left|\vec{AB_y}\right| = 4$ **d)** $\left|\vec{AB_y}\right| = 5$

1138 -

1139 Im Buch ausgeführt.

1140 Im Buch ausgeführt.

1141 **a)** $H(5|4)$ **b)** $H(1|0)$
c) $H(1,5|1,5)$ **d)** $H(2,5|3)$

1142 -

1143 **a)** $C(1|0)$; $D(-1|-1)$; $E(3|1)$
b) $C(3|2)$; $D(0|3)$; $E(6|1)$
c) $C(5|2)$; $D(3|0)$; $E(7|4)$
d) $C(2|0)$; $D(0|-3)$; $E(4|3)$

1144 -

1145 **a)** $C(3,5|6)$
b) $C(8|4)$
c) $C(0|3)$ **d)** $C(4|3)$

1146 **a)** $C(8|1)$; ja **b)** $D(-3|4)$; nein
c) $C(14|2)$; nein **d)** $D(-7|0)$; nein

1147 Es ist zu zeigen: 2 Seiten parallel

a) $\vec{AB} \| \vec{DC}$

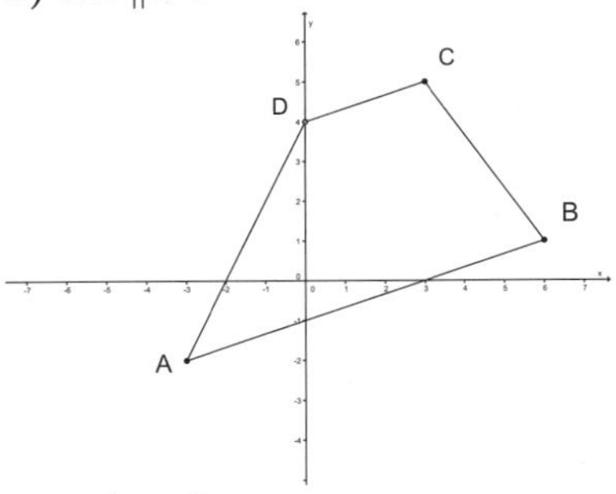

b) $\vec{AB} \| \vec{DC}$

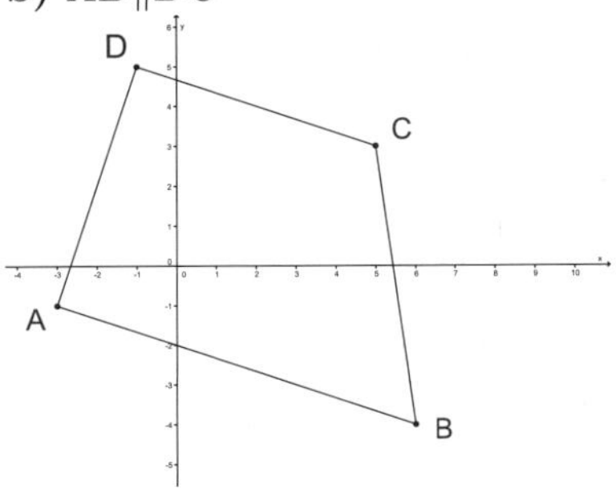

c) $\vec{AB} \| \vec{DC}$

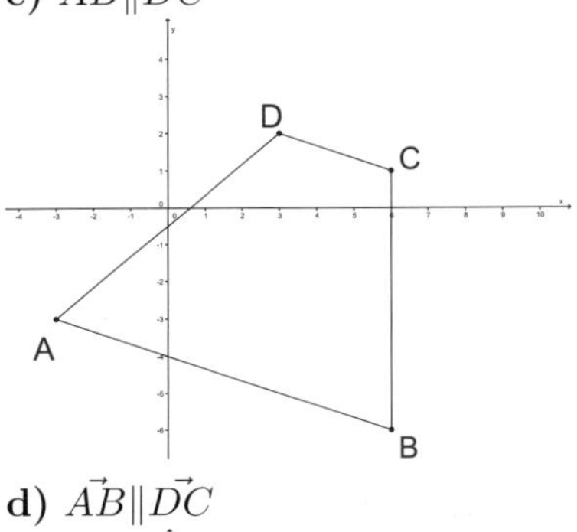

d) $\vec{AB} \| \vec{DC}$

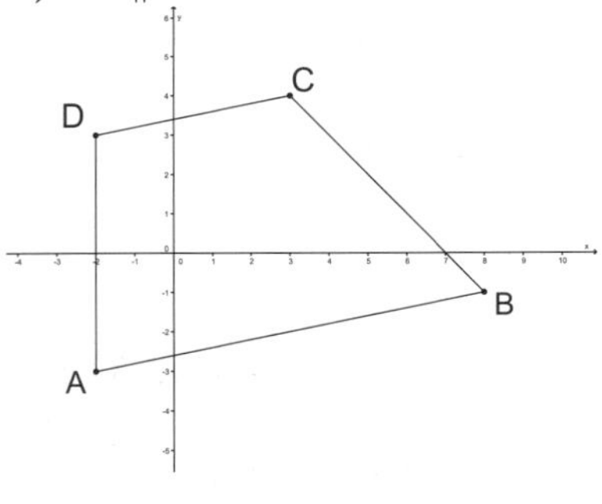

1148 zu zeigen: 2 gegenüberliegende Winkel sind gleich

a) $\beta = \delta$

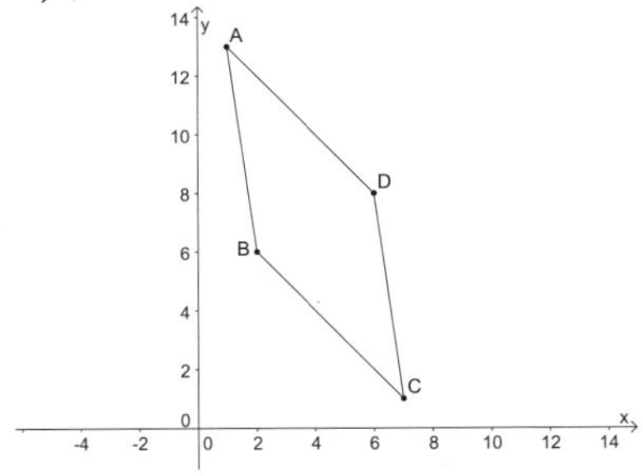

b) $\beta = \delta$

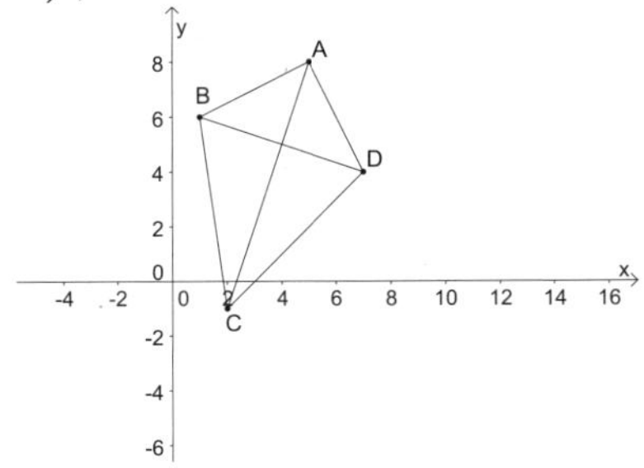

c) $\beta = \gamma$

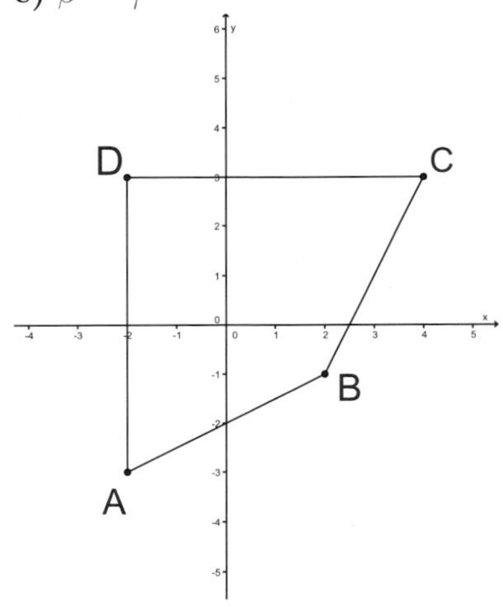

d) $\beta = \gamma$

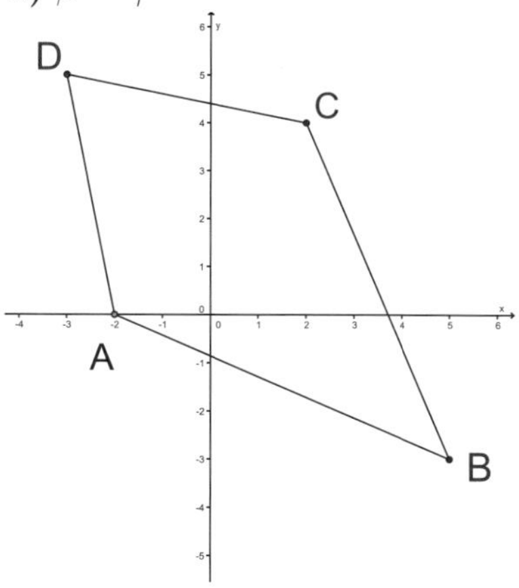

1149 a)

$B(8|2)$ $\quad D(6|8)$
$A = 40$ cm^2; $\quad U \approx$ 28,28 cm
b) $B(5,5|-1)$ $\quad D(2,5|5)$
$A = 45$ cm^2; $\quad U = 30cm$
c) $B(3|2)$ $\quad D(1|8)$
$A = 40$ cm^2; $\quad U = 28,28cm$
d) $B(8|1)$ $\quad D(4|9)$
$A = 80$ cm^2; $\quad U = 40cm$

1150 a) $B(1|0)$ $\quad D(3|4)$
b)

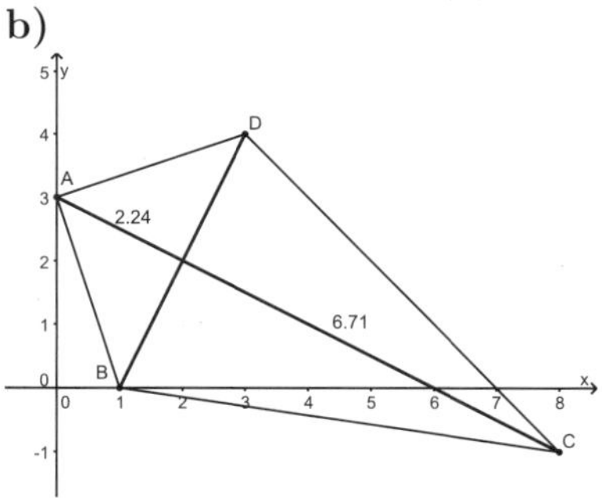

c) U $\approx$ 20,47 cm

1151 a) $A(1|6,5)$ $\quad C(7|-1,5)$
b)

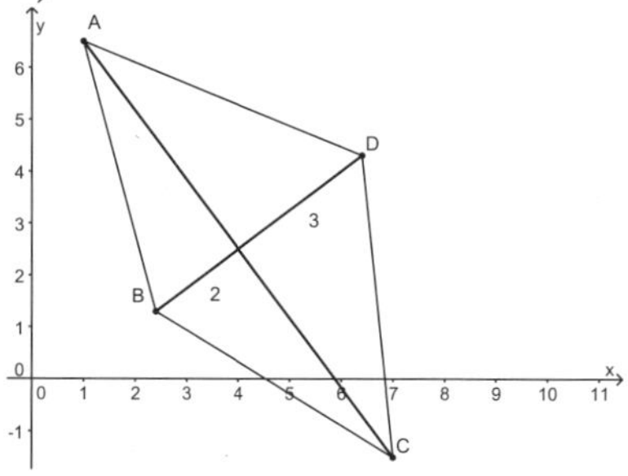

c) U $\approx$ 22,43 cm

1152 $E(4,5|-2)$ $\quad F(7|-0,5)$
$G(4|4,5)$ $\quad H(1,5|3)$
Die Halbierungspunkte bilden ein Rechteck.

1153 Im Buch ausgeführt.

1154 a) $A = 24$ E^2; **b)**A $= 31$ E^2
c) $A = 28$ E^2 **d)**A $= 25$ E^2

1155 a) $A = 24$ E^2 **b)**A $= 31$ E^2
c) $A = 28$ E^2 **d)**A $= 17$ E^2

1156 a) $A = 21$ E^2 **b)**A $=$ 15,5 E^2
c) $A = 10,5$ E^2 **d)**A $= 22$ E^2

1157 a) $A = 20$ E^2 **b)**A $= 13$ E^2
c) $A = 25$ E^2 **d)**A $= 30$ E^2

1158 a) $A = 55$ E^2 **b)**A $= 50$ E^2
c) $A = 23,5$ E^2 **d)**A $= 40$ E^2

1159 -

1160 $A \approx$ 74,52 km^2

1161 -

1162 a) $A = 4,909$ E^2
b) -
c) -

1163 a) $\approx 243,65$ km **b)** $\approx 378,38$ km
c) $\approx 159,76$ km **d)** $\approx 196,54$ km

1164 a) $A = 34,5$ E^2; $U \approx$ 22,70 E
b) $A = 34,5$ E^2; $U \approx$ 22,70 E
c) $A = 28,5$ E^2; $U \approx$ 21,74 E

1165 a) $A = 11,5$ E^2; $U \approx$ 19,7 E; $\alpha \approx 27,59°$;
$\beta \approx 123,11°$; $\gamma \approx 29,29°$
b) $A = 18$ E^2; $U \approx$ 20,12 E; $\alpha \approx 52,13°$;
$\beta \approx 83,66°$; $\gamma \approx 44,22°$
c) $A = 44$ E^2; $U \approx$ 27,49 E; $\alpha \approx 63,43°$;
$\beta \approx 77,47°$; $\gamma \approx 109,65°$; $\delta \approx 109,44°$
d) $A = 19,5$ E^2; $U \approx$ 19,07 E; $\alpha \approx 81,87°$;
$\beta \approx 61,26°$; $\gamma = 90°$; $\delta \approx 126,87°$

1166 a) nicht parallel
b) parallel
c) parallel
d) nicht parallel

1167 **a)** $a_x = -4,5$
b) $b_x = 0,75$
c) $c_y = 20$
d) $d_y = -12$

1168 **a)** orthogonal
b) nicht orthogonal
c) orthogonal
d) nicht orthogonal

1169 **a)** $a_x = 13,5$
b) $b_x = -22,5$
c) $c_y = 8$
d) $d_y = 6$

1170 **a)** $A = 39$ E^2; $U \approx$ 31,03 E
b) $A = 15$ E^2; $U \approx$ 19,24 E
c) $A = 13$ E^2; $U \approx$ 18,88 E

1171 **a)** -
b) $A = 18,5$ E^2; $U \approx$ 18,15 E
c) B'(10|0); C'(9,32|8,55)
ähnlich: nein

1172 **a)** $A = 25$ E^2; $U \approx$ 26,18 E; $\alpha \approx 26,56°$; $\beta \approx 63,43°$; $\gamma = 90°$
rechtwinkliges Dreieck
b) $A = 20$ E^2; $U \approx$ 20,89 E; $\alpha \approx 43,6°$; $\beta \approx 68,19°$; $\gamma \approx 68,19°$
gleichschenkliges Dreieck

1173 **a)** Deltoid

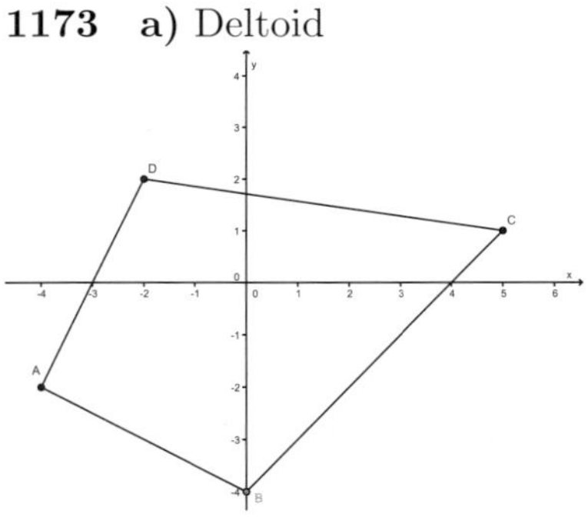

b) Trapez

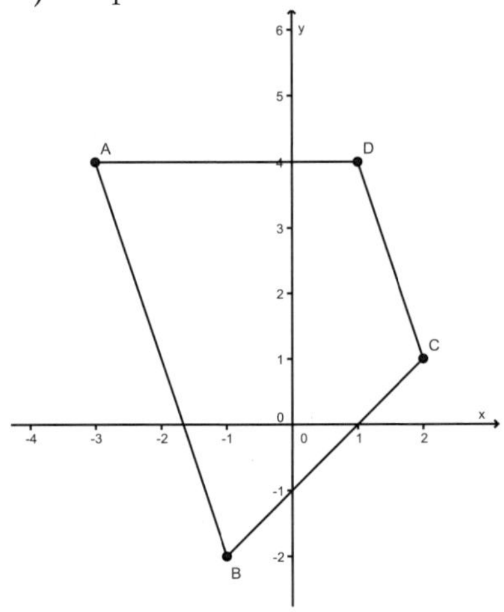

c) Trapez

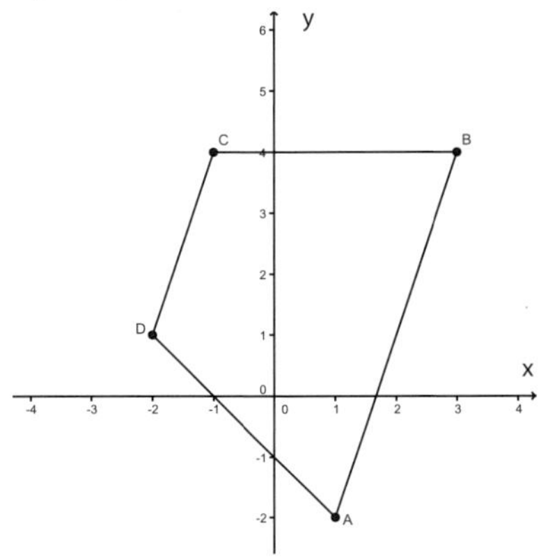

d) Rechteck

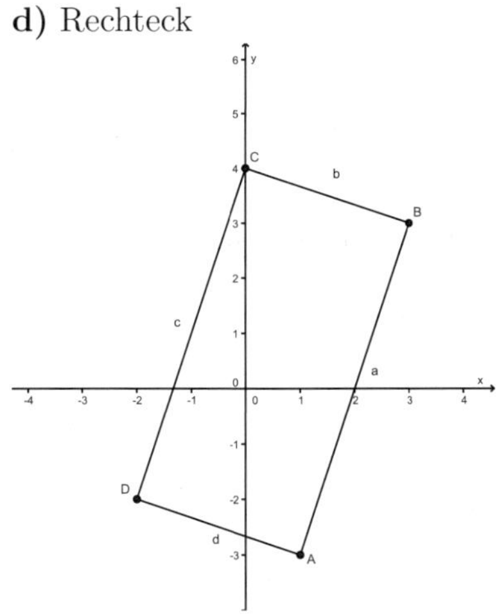

1174 **a)** Raute

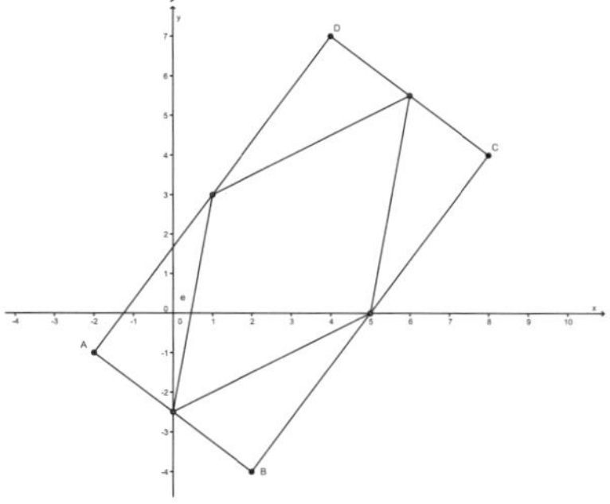

b) Raute

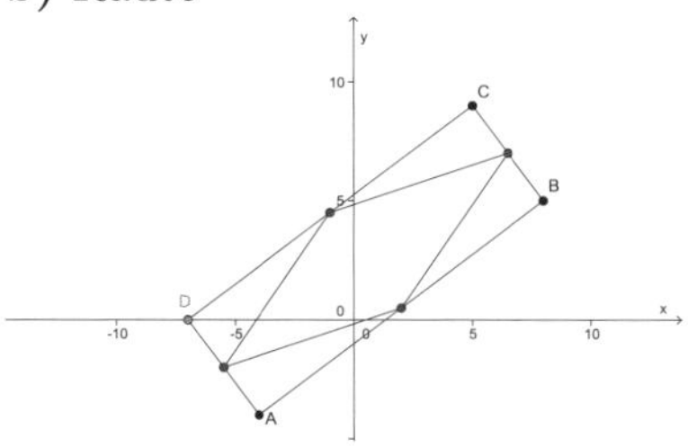

c) Raute

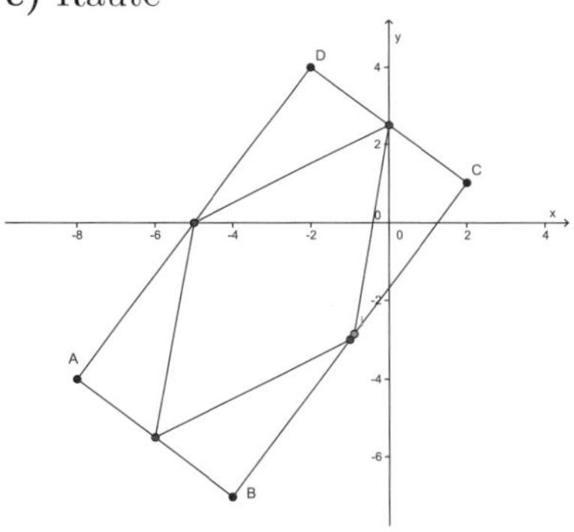

1175 -

1176 **a)** $\vec{BA} \perp \vec{BC}$ und $\vec{DA} \perp \vec{DC}$
b) kein rechter Winkel; Parallelogramm: $\vec{AD} \| \vec{BC}$ und $\vec{AB} \| \vec{DC}$
c) kein rechter Winkel; Trapez: $\vec{AB} \| \vec{DC}$
d) $\vec{AC} \perp \vec{BD}$

1177 -

1178 **a)** $P = (3,4|6,2) \quad Q = (-1,4|-0,2)$
b) $P = (6,6|-2,2) \quad Q = (-4,6|6,2)$

1179 **a)** $A(-3|3) \quad M(0|4)$
$\left|\vec{AC}\right| = \sqrt{40}$
$\left|\vec{BD}\right| = \sqrt{160}$
b) $A(4|-3) \quad M(-0,5|0)$
$\left|\vec{AC}\right| = \sqrt{65}$
$\left|\vec{BD}\right| = \sqrt{117}$

1180 **a)** $A(-46|-9) \quad D(-36|24)$
$\alpha \approx 53,13°$
$\beta \approx 126,87°$
b) $C(-32|4) \quad D(-22|-20)$
$\alpha \approx 126,87°$
$\beta \approx 53,13°$

1181 **a)** $B(6|8) \quad C(-5|6)$
b) $B(4|3) \quad C(-4,5|6,5)$

1182 **a)** $D(-3|2)$; Raute
b) $D(-3|5)$; Quadrat

1183 **a)** $B(-2|5) \quad D(6|-3)$

1184 **a)** $b = 7{,}85$ E; $A = 19{,}63$ E^2
b) -
c) -

1185 726,9 €

1186 222,5 €

1187 Gesamt $= \begin{pmatrix} 55 \\ 17 \\ 5 \end{pmatrix}$

1188 -

1189 -

1190 -

1191 -

1192 1. wahr 2. falsch 3. wahr

1193 $\vec{AB} = B - A$; $\vec{BA} = A - B$

1194 1. wahr 2. falsch 3.falsch 4. wahr

1195

	Stimmt immer	kann sein	stimmt nie
1.	○	x	○
2.	○	○	x
3.	○	x	○
4.	x	○	○

1196 $\vec{a} \perp \vec{b}$

1197 ... einen Vektor
... einen parallelen Vektor

1198 $a_x \cdot b_x + a_y \cdot b_y = 0$

1199 ○ x
○ ○

1200 $|\vec{a} + \vec{b}| = \sqrt{98}$

1201 $D = B + \vec{BD}$; $\vec{AD} = \vec{BC}$;

1202 $\vec{AB} = 2 \cdot \vec{CD}$

1203 $\varphi = 32,5°$

1204 Nur der 1. Vektor ist falsch.

7 Analytische Geometrie der Ebene

1205 Im Buch ausgeführt.

1206 $A(1) = \begin{pmatrix} 2 \\ 2 \end{pmatrix}$, $A(2) = \begin{pmatrix} 3 \\ 4 \end{pmatrix}$
$A(3) = \begin{pmatrix} 4 \\ 6 \end{pmatrix}$, $A(4) = \begin{pmatrix} 5 \\ 8 \end{pmatrix}$
$A(5) = \begin{pmatrix} 6 \\ 10 \end{pmatrix}$

1207 $A(1) = \begin{pmatrix} 8 \\ 7 \end{pmatrix}$, $A(2) = \begin{pmatrix} 6 \\ 8 \end{pmatrix}$
$A(3) = \begin{pmatrix} 4 \\ 9 \end{pmatrix}$, $A(4) = \begin{pmatrix} 2 \\ 10 \end{pmatrix}$
$A(5) = \begin{pmatrix} 0 \\ 11 \end{pmatrix}$

1208 $X(0) = \begin{pmatrix} -2 \\ -5 \end{pmatrix}$, $X(1) = \begin{pmatrix} 1 \\ -3 \end{pmatrix}$
$X(2) = \begin{pmatrix} 4 \\ -1 \end{pmatrix}$, $X(3) = \begin{pmatrix} 7 \\ 1 \end{pmatrix}$,
$X(4) = \begin{pmatrix} 10 \\ 3 \end{pmatrix}$

1209 $X(\text{-}3) = \begin{pmatrix} -4 \\ -7 \end{pmatrix}$, $X(\text{-}2) = \begin{pmatrix} -3 \\ -4 \end{pmatrix}$,
$X(\text{-}1) = \begin{pmatrix} -2 \\ -1 \end{pmatrix}$, $X(0) = \begin{pmatrix} -1 \\ 2 \end{pmatrix}$,
$X(1) = \begin{pmatrix} 0 \\ 5 \end{pmatrix}$, $X(2) = \begin{pmatrix} 1 \\ 8 \end{pmatrix}$

1210 $X(\text{-}1) = \begin{pmatrix} -2 \\ 3 \end{pmatrix}$, $X(\text{-}0{,}5) = \begin{pmatrix} -1 \\ 1 \end{pmatrix}$,
$X(0) = \begin{pmatrix} 0 \\ -1 \end{pmatrix}$, $X(0{,}5) = \begin{pmatrix} 1 \\ -3 \end{pmatrix}$,
$X(1) = \begin{pmatrix} 2 \\ -5 \end{pmatrix}$, $X(1{,}5) = \begin{pmatrix} 3 \\ -7 \end{pmatrix}$,
$X(2) = \begin{pmatrix} 4 \\ -9 \end{pmatrix}$

1211 **a)** $g\colon X(t) = \begin{pmatrix} -4 \\ -1 \end{pmatrix} + t \cdot \begin{pmatrix} 9 \\ 3 \end{pmatrix}$
b) $g\colon X(t) = \begin{pmatrix} 1 \\ -3 \end{pmatrix} + t \cdot \begin{pmatrix} 0 \\ 7 \end{pmatrix}$
c) $g\colon X(t) = \begin{pmatrix} 3 \\ -2 \end{pmatrix} + t \cdot \begin{pmatrix} -7 \\ 7 \end{pmatrix}$
d) $g\colon X(t) = \begin{pmatrix} 5 \\ -1 \end{pmatrix} + t \cdot \begin{pmatrix} -8 \\ 0 \end{pmatrix}$

1212 **a)** $g\colon X(t) = \begin{pmatrix} 2 \\ 3 \end{pmatrix} + t \cdot \begin{pmatrix} 1 \\ 2 \end{pmatrix}$
b) $g\colon X(t) = \begin{pmatrix} -1 \\ -4 \end{pmatrix} + t \cdot \begin{pmatrix} 1 \\ 3 \end{pmatrix}$
c) $g\colon X(t) = \begin{pmatrix} 2 \\ -1 \end{pmatrix} + t \cdot \begin{pmatrix} 1 \\ \frac{1}{3} \end{pmatrix}$
d) $g\colon X(t) = \begin{pmatrix} 1 \\ 2 \end{pmatrix} + t \cdot \begin{pmatrix} 1 \\ -\frac{3}{4} \end{pmatrix}$

1213 **a)** $g\colon X(t) = \begin{pmatrix} \frac{1}{3} \\ 0 \end{pmatrix} + t \cdot \begin{pmatrix} 1 \\ 3 \end{pmatrix}$
b) $g\colon X(t) = \begin{pmatrix} 4 \\ 0 \end{pmatrix} + t \cdot \begin{pmatrix} 1 \\ -\frac{1}{2} \end{pmatrix}$
c) $g\colon X(t) = \begin{pmatrix} 2 \\ 0 \end{pmatrix} + t \cdot \begin{pmatrix} 1 \\ -2 \end{pmatrix}$
d) $g\colon X(t) = \begin{pmatrix} 3 \\ 0 \end{pmatrix} + t \cdot \begin{pmatrix} 1 \\ \frac{2}{3} \end{pmatrix}$

1214 **a)** $g\colon X(t) = \begin{pmatrix} 3 \\ 0 \end{pmatrix} + t \cdot \begin{pmatrix} 1 \\ -\frac{1}{2} \end{pmatrix}$
b) $g\colon X(t) = \begin{pmatrix} -\frac{1}{2} \\ 0 \end{pmatrix} + t \cdot \begin{pmatrix} 1 \\ 2 \end{pmatrix}$
c) $g\colon X(t) = \begin{pmatrix} \frac{8}{3} \\ 0 \end{pmatrix} + t \cdot \begin{pmatrix} 1 \\ -\frac{3}{4} \end{pmatrix}$
d) $g\colon X(t) = \begin{pmatrix} -\frac{15}{4} \\ 0 \end{pmatrix} + t \cdot \begin{pmatrix} 1 \\ \frac{4}{5} \end{pmatrix}$
Alle Punkte auf der Geraden zwischen P(0|4) und Q(4|2).

1215 Alle Punkte auf der Geraden zwischen P(0|4) und Q(4|12).

1216 a) ja; t = 3 **b)** Punkt Q ja; t = 2 ; Punkt R nein

1217 a) $P \in g$ mit $t = 1$; $Q \in g$ mit $t = 2$; $R \in g$ mit $t = 4{,}5$;
b) $P \in g$ mit $t = 5$; $Q \notin$ g ; $R \in g$ mit $t = 2$

1218 -

1219 Im Buch ausgeführt.

1220 Im Buch ausgeführt.

1221 Im Buch ausgeführt.

1222 **a)** $g\colon \begin{pmatrix} 3 \\ 2 \end{pmatrix} \cdot X = 20$ $g\colon 3x + 2y = 20$
$X(t) = \begin{pmatrix} 2 \\ 7 \end{pmatrix} + t \cdot \begin{pmatrix} 4 \\ -6 \end{pmatrix}$

b) g: $\begin{pmatrix} 3 \\ 2 \end{pmatrix} \cdot X = 25$ g: $3x + 2y = 25$

$X(t) = \begin{pmatrix} 5 \\ 5 \end{pmatrix} + t \cdot \begin{pmatrix} 2 \\ -3 \end{pmatrix}$

c) g: $\begin{pmatrix} 1 \\ -2 \end{pmatrix} \cdot X = 3$ g: $x - 2y = 3$

$X(t) = \begin{pmatrix} 3 \\ 0 \end{pmatrix} + t \cdot \begin{pmatrix} 2 \\ 1 \end{pmatrix}$

d) g: $\begin{pmatrix} 4 \\ -11 \end{pmatrix} \cdot X = 9$ g: $4x - 11y = 9$

$X(t) = \begin{pmatrix} 5 \\ 1 \end{pmatrix} + t \cdot \begin{pmatrix} 11 \\ 4 \end{pmatrix}$

1223 a) g: $\vec{X}(t) = \begin{pmatrix} -3 \\ -7 \end{pmatrix} + t \cdot \begin{pmatrix} 1 \\ 3 \end{pmatrix}$
g: $3x - y = -2$
b) g: $\vec{X}(t) = \begin{pmatrix} 1 \\ -4 \end{pmatrix} + t \cdot \begin{pmatrix} -2 \\ 1 \end{pmatrix}$
g: $x + 2y = -7$
c) g: $\vec{X}(t) = \begin{pmatrix} 2 \\ 3 \end{pmatrix} + t \cdot \begin{pmatrix} 3 \\ 4 \end{pmatrix}$
g: $4x - 3y = -1$
d) g: $\vec{X}(t) = \begin{pmatrix} 1 \\ -5 \end{pmatrix} + t \cdot \begin{pmatrix} -5 \\ 1 \end{pmatrix}$
g: $x + 5y = -24$

1224 a) g: $2x - y = -3$ **b)** g: $x + 3y = 20$
c) g: $5x + 4y = -12$ **d)** g: $4x - 3y = 43$

1225 a) h: $2x + y = 10$ **b)** h: $5x + 2y = 20$
c) h: $x - 2y = 4$ **d)** h: $3x - 4y = -1$

1226 a) g: $x + 2y = 9$ p: $x + 2y = -2$
n: $2x - y = 6$
b) g: $-x + 2y = 5$ p: $-x + 2y = -14$
n: $-2x - y = -3$
c) g: $2x - y = -6$ p: $2x - y = -7$
n: $x + 2y = 4$
d) g: $2x + y = 2$ p: $2x + y = -9$
n: $x - 2y = -2$

1227 a) g: $\vec{X}(t) = \begin{pmatrix} 0 \\ -3 \end{pmatrix} + t \cdot \begin{pmatrix} 5 \\ -2 \end{pmatrix}$
b) g: $\vec{X}(t) = \begin{pmatrix} 0 \\ -1 \end{pmatrix} + t \cdot \begin{pmatrix} 7 \\ 1 \end{pmatrix}$
c) g: $\vec{X}(t) = \begin{pmatrix} 0 \\ 4 \end{pmatrix} + t \cdot \begin{pmatrix} 3 \\ -2 \end{pmatrix}$
d) g: $\vec{X}(t) = \begin{pmatrix} 0 \\ 3 \end{pmatrix} + t \cdot \begin{pmatrix} 8 \\ 3 \end{pmatrix}$

1228 a) s: $x - y = -2$ **b)** s: $5x + 6y = 10,5$
c) s: $5x + 4y = 21$ **d)** s: $x + y = 8$

1229 -

1230 Im Buch ausgeführt.

1231 Im Buch ausgeführt.

1232 a) $S(6|3)$ **b)** Wenn die Richtungsvektoren nicht ident bzw. proportional sind.

1233 a) $S(-1|6)$ **b)** $S(3|-1)$ **c)** $S(-1|5)$
d) $S(-6|-6)$

1234 a) $g||h$ **b)** $S(17|-9)$ **c)** $g = h$
d) $S(2|0)$

1235 a) $S(0,5|2)$; $\varphi = 94,76°$
b) $S(2|1)$; $\varphi = 60,26°$

1236 a) $S(2|1)$; $\varphi = 67,38°$
b) $S(5|1)$; $\varphi = 48,37°$
c) $S(5|0)$; $\varphi = 78,69°$
d) $S(4|3)$; $\varphi = 63,43°$

1237 -

1238 a) $g \perp h$; $S(1|-1)$
b) $g \perp h$; $S(2|1)$ **c)** $g \perp h$; $S(-1|2)$
d) $g \perp h$; $S(1|1)$

1239 a) Parameterform: Zwei Geraden sind genau dann parallel, wenn ihre Richtungsvektoren parallel sind. Liegt dann noch ein Punkt der ersten Geraden auf der zweiten Geraden, dann sind die beiden Geraden identisch.
b) Normalvektorform: Zwei Geraden sind genau dann parallel, wenn ihre Normalvektoren parallel sind. Sind die zugehörigen Gleichungen mit zwei Variablen äquivalent, dann sind die Geraden identisch.

1240 a) $g||h$ **b)** $g \perp h$ **c)** $g \perp h$ **d)** $g \perp h$

1241 Im Buch ausgeführt.

1242 Im Buch ausgeführt.

1243 Im Buch ausgeführt.

1244 a) $P \notin g$; $d(P,g) = 6$ E

b) $P \notin g$; $d(P,g) = 3,6$ E **c)** $P \in g$
d) $P \notin g$; $d(P,g) = 6,71$ E

1245 **a)** $d(g,h) = 4,9$ E **b)** $d(g,h) = 4$ E
c) $d(g,h) = 4,47$ E **d)** $d(g,h) = 4,12$ E

1246 $P(4|-2)$

1247 **a)** $A'(3|-2)$, $B'(7|4)$, $C'(9|0)$
b) $A'(6|-3)$, $B'(10|0)$, $C'(12|-1)$

1248 $A'(5|-11)$, $B'(9|-4)$, $C'(14|-5)$
$D'(13|-10)$

1249 $A'(2|-5)$ $B'(6|3)$ $C'(8|0)$ $D'(7|-2)$

1250 A'(8|9), B'(3|0), C'(2|4), D'(3|9)

1251 -

1252 Im Buch ausgeführt.

1253 **a)** s_{AB}: $3x + 5y = 7$; $H(-1|2)$
b) s_{AB}: $2x + y = 13$; $H(4|5)$
c) s_{AB}: $x + y = -2$; $H(-3|1)$
d) s_{AB}: $2x - 6y = -4$; $H(1|1)$

1254 **a)** $U(1|3)$ **b)** $U(1|-1)$ **c)** $U(0|4)$
d) $U(5|2)$

1255 **a)** $H(4|3)$ **b)** $H(4|0)$ **c)** $H(1|1)$
d) $H(-2|1)$

1256 **a)** $S(2|3)$ **b)** $S(1,67|1,67)$ **c)** $S(2|2)$
d) $S(0|-\frac{1}{3})$

1257 -

1258 **a)** $U(2,75|3,25)$ $H(4,5|-4,5)$
$S(3,33|0,67)$
b) $U(-1|2)$ $H(2|3)$ $S(0|2,33)$
c) $U(0|5,5)$ $H(1|1)$ $S(0,33|4)$
d) $U(-2,5|5,5)$ $H(10|2)$ $S(1,67|4,33)$

1259 **a)** $I(-1|4)$ **b)** $I(2|3)$ **c)** $I(4|1)$

1260 **a)** $S(-2|3)$ **b)** $S(-3|2)$ **c)** $S(1|1)$ **d)** $S(0|1)$
e) $S(1|2)$ **f)** $S(2|7)$ **g)** $S(-4|6)$ **h)** $S(2|2)$

1261 **a)** $S(1|2)$ **b)** $S(1|2)$ **c)** $S(4|1)$ **d)** $S(6|1)$
e) $S(7|-1)$ **f)** $S(3|2)$ **g)** $S(1|5)$ **h)** $S(5|2)$

1262 **a)** $S(-2|-1)$ **b)** $S(0|0)$

1263 **a)** $g||h$ **b)** $g = h$ **c)** $S(-1|3)$ **d)** $g||h$
e) $S(1|3)$ **f)** $g||h$ **g)** $S(-4|-1)$ **h)** $S(5|-2)$

1264 **a)** $C(1|-3)$;
g: $\vec{X}(t) = \begin{pmatrix} 6 \\ -1 \end{pmatrix} + t \cdot \begin{pmatrix} -5 \\ -2 \end{pmatrix}$
g: $-2x + 5y = -17$
b) $C(5|4)$; g: $\vec{X}(t) = \begin{pmatrix} 2 \\ 1 \end{pmatrix} + t \cdot \begin{pmatrix} 2 \\ 2 \end{pmatrix}$
g: $2x - 2y = 2$
c) $C(3,5|2)$; g: $\vec{X}(t) = \begin{pmatrix} -1 \\ 5 \end{pmatrix} + t \cdot \begin{pmatrix} 3 \\ -2 \end{pmatrix}$
g: $2x + 3y = 13$
d) $C(6|1,5)$; g: $\vec{X}(t) = \begin{pmatrix} -1 \\ -2 \end{pmatrix} + t \cdot \begin{pmatrix} 2 \\ 1 \end{pmatrix}$
g: $x - 2y = 3$

1265 **a)** g: $-5x + 4y = 9$ **b)** h: $-5x + 4y = 1$
c) $G \notin g$

1266 **a)** g: $-x + 4y = 14$ **b)** h: $-x + 4y = 34$
c) $G \notin g$

1267 g: $2x - 3y = -1$; n_1: $3x + 2y = 18$;
n_2: $3x + 2y = -21$; p: $2x - 3y = 25$;
$S_1(4|3)$; $S_2(-5|-3)$; $S_3(8|-3)$;
$S_4(-1|-9)$; Rechteck

1268 -

1269 **a)** $S(2|2)$ **b)** $S(2|1)$

1270 $H(1|2)$

1271 $U(7|-3)$

1272 **a)** $A(-5|-2)$; $B(5|1)$; $C(5|8)$;
$U(-1,5|4,5)$; $S(1,67|2,33)$; $H(8|-2)$
b) $A(0|-2)$; $B(6|0)$; $C(5|8)$;
$U(1,5|3,5)$; $S(3,67|2)$; $H(8|-1)$
c) $a \cap b \cap c: S(2|1)$;
d) $A(-2|7)$; $B(1|-2)$; $C(1|4)$;
$U(-5|1)$; $S(0|3)$; $H(10|7)$

1273 **a)** g: $3,5x + 4,5y = 1$
b) g: $4x + 5,5y = 16,5$ **c)** g: $5x + 5,5y = 21$
d) g: $5,75x - 0,75y = -4,5$

1274 **a)** g: $y = 3$ **b)** g: $6,5x + 6,5y = 26$
c) g: $4,5x + y = 5,5$

1275 **a)** $\overline{HS} = 5$, $\overline{SU} = 2,5$
b) $\overline{HS} = 8,3$; $\overline{SU} = 4,15$
c) $\overline{HS} = 10,18$; $\overline{SU} = 5,09$

1276 **a)** g: $3x + 4y = 11$; $I(-1|3)$
b) g: $-2x - 0,38y = 3,38$; $I(-2|2)$
c) g: $2x + 0,38y = 6,88$; $I(3|2)$

1277 **a)** $I(3|2)$; $r = 3$
b) $I(-1|3)$; $r = 2$ **c)** $I(1|1)$; $r = 3$

1278 **a)** $C(7|1)$ **b)** $C(8|5)$ **c)** $C(3|1)$
d) $C(-1|3)$

1279
a) $C(4|6)$ **b)** $C(2|1)$ **c)** $C(4|3)$
d) $C(3|6)$

1280 Es sind jeweils mehrere Lösungen möglich, z.B.:
a) $C(4|8)$ **b)** $C(5|8)$ **c)** $C(6|6)$
d) $C(2|7)$

1281 $S(2,8|0,4)$; Diagonalen stehen normal

1282 $S(1|1)$; Sechseck ist nicht regelmäßig

1283 $E(1,5|3,5)$; $F(-2|3)$; $G(-1,5|-0,5)$; $H(2|0)$ sind die Schnittpunkte der Winkelsymmetralen. EFGH bilden ein Quadrat im Rechteck, wobei der Punkt F der Mittelpunkt von AD und der Punkt H der Mittelpunkt von BC ist.

1284 **a)** $M_1(0|4), M_2(14|6), M_3(2|18), S_1(3,5|7,5)$

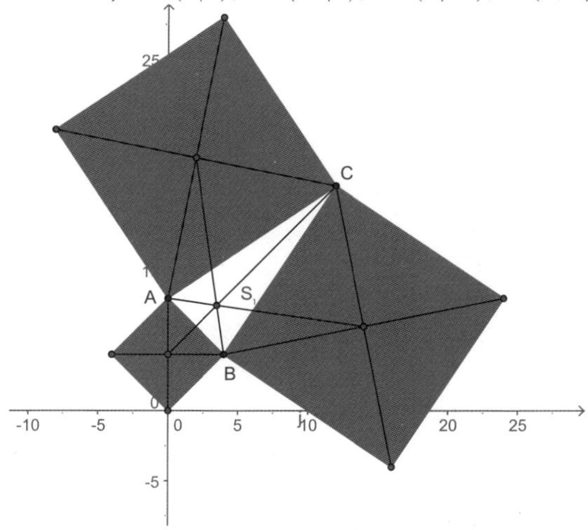

b) $M_1(-2|6), M_2(2|-10), M_3(14|6), S_2(2|3)$
c) $M_1(-7|13), M_2(-2|-2), M_3(11|11), S_3(-1|7)$
d) $M_1(6|20), M_2(-2|4), M_3(18|4), S_4(6|10)$

1285 **a)** (1) $H_1(1|0)$; $U(5|2)$
(2) $H_2(13|-4)$; $H_3(-3|-4)$; $H_4(-3|8)$
(3) $\overline{UH_2} = \overline{UH_3} = \overline{UH_4} = 10$
b) (1) $H_1(1|1)$; $U(3|0)$
(2) $H_2(3|-5)$; $H_3(-1,8|1,4)$; $H_4(3|5)$
(3) $\overline{UH_2} = \overline{UH_3} = \overline{UH_4} = 5$

1286 -

1287 richtig: Kästchen 4/5/7

1288 -

1289 -

1290 Alle Antworten sind richtig.

1291 $X = \begin{pmatrix} -1 \\ 2 \end{pmatrix} + \begin{pmatrix} 2t \\ 5t \end{pmatrix}$
$X = \begin{pmatrix} -1 \\ 2 \end{pmatrix} + t \cdot \begin{pmatrix} 2 \\ 5 \end{pmatrix}$
$\begin{pmatrix} 2 \\ 5 \end{pmatrix} \cdot X = 5$
$\begin{pmatrix} 2 \\ 1 \end{pmatrix} \cdot X = \begin{pmatrix} 2 \\ 1 \end{pmatrix} \cdot \begin{pmatrix} 3 \\ -1 \end{pmatrix}$

1292 a und c; b und d; a und b; c und d

1293 g: $a \cdot x + b \cdot y = c \Rightarrow \begin{pmatrix} a \\ b \end{pmatrix} \perp g$

g: $a \cdot x + b \cdot y = c \Rightarrow \begin{pmatrix} -b \\ a \end{pmatrix} \perp g$

1294 **a)** $g \equiv h$ **b)** $g \parallel h$

1295 a und b; a und d; b und d

1296 keine Antwort richtig

1297 $k = -2$; $d = 3$

1298 $g \cap h = \{S\}$

1299 RV(g): $\vec{v} = \begin{pmatrix} b \\ -a \end{pmatrix}$
NV(g): $\vec{v} = \begin{pmatrix} a \\ b \end{pmatrix}$

1300 $\vec{AD} = \vec{DA'}$, $\vec{BE} = \vec{EB'}$, $\vec{CF} = \vec{FC'}$
$\vec{AD} \parallel \vec{BE} \parallel \vec{CF}$
$\vec{AB}$, $\vec{BE}$, $\vec{CF}$ sind jeweils ein NV(g)